地震
灾后心理康复
完全手册

Earthquake:
Psychological Rehabilitation Manual

主审　莫　雷
主编　郑希付　张　皓

暨南大學出版社
JINAN UNIVERSITY PRESS
中国·广州

目　录

第二部分　地震后不同类型人员心理康复指南

前　言

2008 年 5 月 12 日，四川省汶川县发生了里氏 8.0 级的地震，波及四川多个市县。这场新中国成立以来最强烈的大地震夺去了无数同胞的生命，造成了无比巨大的人员和经济损失。地震，不但瞬间夺去了人们的家园，夺走了我们同胞的血肉之躯，还给幸存者的心理蒙上了挥之不去的阴影。无论是成年人，还是少年儿童；无论是亲身经历这场灾难的人，还是震后参加救援救助的解放军武警战士、志愿者、媒体记者、政府官员……每一位经历和目睹地震灾难的人都受到不同程度的精神打击和强烈刺激，这些可能引发多种心理问题，使人处于心理危机状态。如果不能得到及时的心理辅导和干预，他们今后的生活和灾后重建将受到多方面的负面影响。因此，如何对重大灾难后特定人群的心理危机进行干预和辅导成为一个亟待解决的重要课题。

灾难发生以后，全国各地迅速行动起来，从国家领导人到社会各界人士、普通民众，纷纷伸出援手，尽己所能帮助灾区同胞，再一次表现出中华民族强大的凝聚力和伟大的民族精神。作为心理学研究者，我们都有强烈的共识：大灾之下，不但要救人、救命，还要“救心”！关注灾后同胞的心理健康，帮助他们渡过难关是我们义不容辞的责任！华南师范大学在 2008 年 5 月 19 日即国难哀悼日的第一天，正式派出一支由学校心理咨询专业教授带队、心理学专业硕士和博士研究生组成的 31 人的心理援助队伍奔赴四川灾区，深入受灾前线，开展受灾人员的心理危机干预工作。我们这支心理援助队的工作得到了四川师范大学的鼎力支持，两校合作正式成立了“华南师范大学、四川师范大学心理救援联合行动队”，强强联合，在各受灾地区并肩工作。在开展心理救助工作的过程中，我们深感责任重大，主要体现在以下两方面：

第一，灾区人民非常需要专业的心理辅导和援助。虽然有些人看起来好像没事了，似乎地震对他们的影响已经不大，但是与其实际接触、谈话后就会发现，他们其实还存在很多没有得到解决的问题。而压抑只会使他们产生更为严重的心理问题，这些问题如果得不到及时的处理，将会导致以后的心理干预更加困难。

第二，心理干预是一项长期的工作。心理志愿者不能仅凭一时的激情，而是要以专业态度理性审视对灾区人民的心理救助工作。重大灾难对儿童、青少年和其他人群的影响是非常持久而深远的，他们需要的不是短时间内急切的关注，而是持续的、长期的心理辅导和精神陪伴。如丧亲等重大精神刺激对青少年产生的影响是波动的，6～12个月各种躯体症状达到顶峰，3年乃至更长的时间内都会有波动的症状表现和持续的悲伤。

上述情况充分说明，给予辅导对象本人以及他周围的人以心理学知识与技术指导，发挥非专业人士的力量，是十分必要而迫切的。老师、同学、朋友、同事等身边的人掌握相关的知识和方法，可以对当事人起到长远的、积极的帮助作用；而对当事人本人而言，学会自助、调整心态、学习如何面对新的生活状态，也是非常有必要和有积极意义的。毕竟，助人、自助也是心理咨询的终极目标。正是鉴于以上的分析和考虑，华南师范大学和四川师范大学召集心理学方面的专业人员，编写了这样一本以广大的非心理专业群众为主要读者群的手册。无论你是谁，通过阅读本手册，都能学到一些帮助地震中受难的同胞或者帮助自己的心理学知识和方法，并且可以学以致用，发挥你的力量来影响身边的人，使更多的人获益。本书主要以读者群的不同特点来进行分类阐述，讲述深入浅出，语言通俗易懂，少理论、多方法，操作性强，是一本值得推荐的好书。本书适合地震灾区人民、各类志愿者和所有对心理干预和援助工作感兴趣的人阅读。

“二人同心，其利断金。”只要我们一起携起手来，为灾后人民“心理重建”的“救心”工作发挥自己的作用，就一定能克服重重困难，迎来灾后重建更加美好的明天！

编　者

2008年6月23日

第一部分

地震灾后自我心理评估

第一章　灾后自我心理评估的内容

第一节　灾难可能造成的心理创伤

2008 年 5 月 12 日下午 2 时 28 分，四川省汶川县发生里氏 8.0 级的强烈地震，波及陕西、甘肃、云南、重庆等多个省市。这场突如其来的巨大灾难，使毫无准备的灾区人民陷入水深火热之中，也使受波及省市的人们陷入焦虑和恐慌的巨大心理压力中。人们将如何接纳猝临的灾难，怎样树立坚持活下去的信念，如何从容应对未来，如何面对被改变的人生命运呢？尤其是那些未成年的孩子，又该怎样走出黑暗的阴影，摆脱心理的重大危机呢？众所周知，许多灾难中的幸存者，摆脱这种经历带来的困扰需要一个很艰难的长期过程。身体可以很快好转，但心理的重创却很难平复。无论是与死神较量过的幸存者，是承受瞬间亲人逝去的巨大悲痛的受害者，还是在焦虑恐慌中承受巨大心理压力的受灾民众，对于他们来说，除了物质的救援、身体的医治、政府的温暖之外，更需要心灵的抚慰、压力的疏解和心理的干预，需要灾难过后内心的平复，需要面对未来生活的勇气和信心。

汶川大地震发生一个多月来，不少人时刻关注抗震救灾工作的进展和灾区同胞的境况，并经常为此悲伤、落泪。医学心理学专家提醒，普通人在关心和帮助灾区群众的同时，也要注意自身的心理健康，防止因过度关注灾害而造成心理创伤。

最近，很多一直关注灾情的人都有这样的同感，一看到报纸、电视上关于灾情的报道就心烦意乱，特别是看到催人泪下的场景时会感到自己的承受力已到极限，以致白天工作提不起精神，晚上睡觉也不踏实。当人们通过媒体间接接触灾难，如目睹灾区人民经受苦难，看到震撼人心的救援场面时，会产生强烈的心理冲击，并且可能造成感情上和身体上的伤害。因此，大家在关注救灾及灾区群众的同时，也要安排好自己的生活，保证休息。如果经常出现负面情绪，自己不能排除时，就要向专业的心理医生寻求帮助。

此外，最好不要让儿童观看有关灾害的新闻和富有冲击力的画面。因为儿童的心理最容易受到伤害，有些孩子会因此产生感情和反应方面的变化，如出现畏缩、极度悲伤和愤怒的情绪，不能与其谈论有关灾害事件；相反，也可能表现得像从未发生过灾害一样。如果孩子出现这些反常现象，家长应及时寻求专业人士的帮助。

回顾 1976 年 7 月 28 日发生的唐山大地震，其造成的心理创伤对受害者产生了持久性应激效应，长期影响了他们的身心健康，有亲人震亡和无亲人震亡者的心理感受不同。震后余生的人出现了一些创伤后应激性障碍，他们之中患抑郁症、焦虑症、恐惧症的比例高于正常值，有些比正常值高 3 ~ 5 倍。很多人失眠多梦、情绪不稳定、紧张焦虑，每年到 7 月 28 日这一天，便会触景伤情等。那些经受过地震创伤的人群患高血压和脑血管疾病的比例也高于正常人群。

中国心理健康协会的肖水源教授认为："灾难会在人身上造成严重的心理创伤，如果不及时治疗，会折磨这些人的一生，改变其性格，甚至可能导致极端行为，如暴力和自杀。"

一、儿童与青少年的身心反应

经历过这次地震大灾难，儿童不论在生理、心理还是行为上，均会产生许多反应。一般而言，这些情绪反应并不会持续很久，但目前看起来状况很好的孩子也有可能在灾难发生数周后才逐渐表现出来。由于儿童与青少年对灾变事件（例如死亡）的想法与成人不同，因此表现出来的反应也稍异于成人。下面是不同年龄层的儿童可能有的各种反应，分述如下：

1. 所有年龄层儿童与青少年的共同反应

（1）害怕将来的灾难。

（2）对上学失去兴趣。

（3）行为退化。

（4）睡眠失调并畏惧夜晚。

（5）害怕与灾难有关的自然现象。

2. 不同年龄层儿童与青少年的典型反应

（1）学龄前（1 ~ 5 岁）。

吮吸手指头、尿床、害怕黑暗或动物、黏父母、畏惧夜晚、大小便失禁、说话困难、食欲减退或增加。这个年龄层的儿童看到他们以往所处的安全世界因灾变而遭受破坏，会显得特别脆弱，因为他们通常缺乏处理紧急压力的语言和思考能力，而期望家人来帮助或安慰他们。

（2）学龄期（6 ~ 10 岁）。

易怒、爱哭诉、黏人、在家或学校出现攻击行为、明显地与弟弟妹妹争宠、畏惧夜晚、做噩梦、害怕黑暗、逃避上学、遇事易退缩、对学习失去兴趣或不能专心。退化行为几乎是这个年龄层的典型反应，失去宠物或有价值的物品对他们而言是特别难处理的。

（3）青春期前（11 ~ 14 岁）。

睡眠失调、食欲不振、在家里“造反”、不愿意做家务事。在学校的问题如发生打架、退缩、失去学习兴趣、寻求注意的行为，生理上的问题如头痛、不明原因的痛、皮疹等，失去与同伴社交活动的兴趣。

同伴活动在这个年龄层特别明显，孩子需要觉得他的恐惧是适当的，并和别人是一样的，其反应以减低紧张和焦虑及可能的罪恶感为目标。

（4）青春期（15 ~ 18 岁）。

身心症状如排泄问题、气喘、头痛与神经紧绷、食欲与睡眠失调、月经失调与月经困难、烦躁或减少活动、冷漠。其他反应还有对异性的兴趣降低、有不负责或犯法的行为、对父母的反抗减少、注意力不集中、疑病症（不断担心自己有病痛，但无医学上的根据）。

大部分青春期青少年的活动与兴趣都集中在与他（她）同年龄的同伴上，他们特别容易因同伴活动的瓦解，以及共同努力时失去大人的依靠而悲伤、难过。

孩子在灾难中失去亲人，最容易造成他们的心理压力，也是其最急需处理的危机，大多数孩子会出现以下反应：

（1）不相信亲人已经永远离开。

（2）身体不适，如没有食欲、呼吸困难。

（3）觉得自己被抛弃，对过世亲人生气。

（4）对亲人的死亡自责。

（5）模仿过世亲人的行为或特征。

（6）变得容易紧张。

（7）担心以后没人照顾。

（8）出现跟以前很不一样的举动，如特别乖或特别顽皮。

二、地震对于不同处境的人员的心理冲击

（1）幸存者。

亲身经历生死关头之后，余悸犹存是幸存者相当普遍的反应；也可能在逃过劫难之后，他们自觉苟活而对不起死者，产生罪恶感。

（2）救灾人员。

夜以继日地投入救灾，他们除了体力透支之外，目睹越来越多的人员死伤惨状，可能会感到错愕，产生挫折感，感到内心疲惫，甚至愤怒也可能爆发。

（3）罹难者家属。

焦急、哀伤的情绪在他们当中十分常见，当亲人获救的希望落空，他们的愤怒、指责可能接踵而来。

（4）社会大众。

间接接收到灾难信息的民众，可能出现心里的阴影、忧郁的情绪久久不散，对未来丧失希望。

第二节　自我心理评估的内容

发生在四川汶川的里氏 8.0 级地震已经过去一个多月了，抗震救灾的工作也如火如荼地开展着。这是一场分秒必争的攻坚战，而心理援助却是一场细致耐心的持久战。灾难过后，受灾者的心理受到创伤，而更重要的是失去了安全感等基本感受，灾难的阴影可能会长期伴随着他们。受灾者的亲属、救援者，以及灾区之外未受到任何直接影响的人，也会受到一定影响，同样可能被激发出一些心理问题。灾难过后，少数人可能会得到心理工作者的直接帮助，他们也许会好一些。但多数人是不大可能得到心理工作者的直接帮助的，因此，人们需要一些最基本的心理知识，以便能够自己面对这些心理伤口，处理这些伤口，并让心理伤口能够相对比较快一点地痊愈。因此，心理

症状自我评估就显得格外重要了。

一、地震后正常的心理反应

大部分人在遇到巨大灾难和创伤时都会有以下反应，随着时间的推移，反应渐渐减弱，一般一个月后，可以重新回到正常的生活。哀伤、思念的情绪可能会持续很久，伴随几个月甚至几年，但不会对生活造成巨大影响。

（1）恐惧担心，害怕地震再次来临，或者有其他不幸的事情降临到自己或者家人身上。

（2）迷茫无助，不知道将来该怎么办，觉得世界末日就要到来。

（3）悲伤，为亲人或者其他人的死而感到悲伤难过。

（4）内疚，感到自己做错了什么，因为自己比别人幸运而有罪恶感。

（5）愤怒，觉得上天对自己不公平，觉得自己不被理解、不被照顾。

（6）失望和思念，不断期待奇迹出现，却一次次失望。

（7）脑海里重复地闪现灾难画面，重复回想当时的声音、气味。

（8）反复想到失去的亲人，心里觉得很空虚，无法想别的事情。

（9）失眠，做噩梦，易惊醒。

（10）没有安全感，对风吹草动“神经过敏”。

二、地震后的一些不良反应

在较长时间后，仍然体验到强烈的害怕、无助和恐怖感，同时有下列表现，严重影响工作和生活的，则需要重视甚至寻求专业人士的帮助。

（1）彻底麻木，没有情感反应，经常发呆，对现实有强烈的不真实感，对灾难部分或全部失去记忆。

（2）脑海中或梦中持续出现灾难现场的画面，并且感到万分痛苦。

（3）回避跟灾难有关的话题、场所、活动，生活受到了严重影响。

（4）经常出现难以入睡、注意力不集中、警觉性过高以及过分的惊吓反应。

第二章　灾后心理评估的方法

第一节　成人创伤经验、创伤问题评估

地震是一个突发的应激事件，所有人都会在这个过程中有各种各样的心理体验。地震过后，又因为每个人的特质和经历不同，所受到的创伤和影响程度不一样，所以被引发的心理疾病也就各种各样。虽然人们在面对应激事件的时候，有些反应是正常的，但由于时间持续过长或创伤程度较深，会严重影响其身心健康，也不利于其尽早地建设家园，重新过上正常、美好的生活。因此，我们需要对成年人的创伤进行评估。

一、震后易出现的心理障碍

1. 震后正常的心理反应

有心理学家认为，在强大的自然灾害后，人们的心理反应主要有三个时期：

（1）惊吓期。在这一阶段，受害者对创伤和灾难丧失知觉，就像通常所说的“失魂落魄”的状态，事情过后往往对此不能回忆。

（2）恢复期。在这个阶段，受害者会出现焦虑、紧张、失眠、注意力下降等反应，这与通常所说的“后怕”相仿。正常的恢复期包括“否认—愤怒—讨价还价—抑郁—接纳”五个阶段。

（3）康复期。康复期之后，受害者的心理重新达到平衡。

美国的心理学家杰弗瑞曾参加过美国的“9·11”等一系列的危机干预。他把人们的心理反应也分为三个时期：

（1）英雄期。这是人们都忙于抢救伤员、帮助别人的时期。

（2）幻灭期。即当人员抢救完毕，所有的志愿者等外来社会支援撤离，一切安定下来，面对许多现实问题时（如住房、工作等），人们不知道该怎么

处理。

（3）重建期。即逐渐接受现实，恢复心力，重建家园。

这三个时期需要 1 ~ 3 年，第一阶段较短，约一周时间，第二阶段需要心理援助，以减少其持续时间，这样人们才能较快地转到第三阶段。

2. 地震后易出现的心理障碍

（1）创伤后应激障碍（post-traumatic stress disorder，PTSD）。

这是地震等严重自然灾难之后最容易出现的心理障碍，尤其容易发生在受精神打击较大的人群身上，如失去孩子的母亲、失去双亲的幼儿、目睹亲人惨死画面的人等。在灾后的很长一段时间内，头脑中反复出现那些创伤性的画面，对与创伤有关的信息反应强烈，生活被挥之不去的灾难性画面和经历搅乱，痛苦、紧张、无助感的长期体验，这些都是 PTSD 的典型症状。

（2）恐怖性神经症（phobia disorder）。

这是指一种灾难过后，对那些本不该恐惧的事物、场景、话语等外界信息表现出恐惧的反应，不仅内心有恐惧的体验，而且躯体上会有明显的紧张反应，如出汗、颤抖等，甚至会因此而发生一些退缩和逃避行为，对个人的生活和工作造成影响。如一见到那些危楼就紧张甚至四肢乏力，或是只要见到高楼就心跳加速，非常害怕高楼会随时垮塌，等等。

（3）焦虑性神经症（anxiety disorder）。

焦虑性神经症分为突发性惊恐障碍和广泛性焦虑障碍两种。这两种症状都会表现出与现实处境不相符的紧张、焦虑不安、无所适从。而突发性惊恐障碍表现得更集中、急性和严重，而且在突发过程中，来访者有明显的濒死感，令其在经历一次发作之后惶恐不安。如有人总是担心会不会有余震，随时处于紧张状态。

（4）强迫性神经症（obsessive-compulsive disorder，OCD）。

强迫性神经症包括强迫思维和强迫行为两种，突出表现为自我强迫和反强迫同时存在，造成自我内部分离、对立的精神痛苦。如有人知道家里较安全，但还是担心会有余震，或明明心里告诉自己不要去想，却又控制不住，这样自己就会很矛盾、很难受。

二、地震后的身心反应

当地震发生之后，许多人会经历亲人的伤亡，或是自己的身体也受到了伤害。在这种情况下，受难者会因灾难而产生一些身心反应，有人身体才可能会变得很糟糕，有人脾气会变坏或者与从前判若两人。灾难后人们会经历的情绪与身体症状包括：

1. 情绪反应

（1） 害怕。很担心地震会再发生，害怕自己或亲人会受到伤害，害怕只剩下自己一个人，害怕自己会崩溃或无法控制自己。

（2）无助感。觉得人非常脆弱、不堪一击，不知道将来该怎么办，感到前途渺茫。

（3）悲伤、罪恶感。为亲人或其他人的死伤感到难过、悲痛，觉得没有人可以帮助自己，恨自己没有能力救出亲人，希望死的人是自己而不是亲人，因为比别人幸运而感到有罪恶感。或者会想，要是当时自己能够把他叫出来，那他就不会被砸死在屋里。

（4）愤怒。认为上天对自己太不公平，救灾工作进行得太慢，别人根本不知道自己的需要。

（5）重复回忆。一直想着逝去的亲人，心里觉得很痛苦，无法想别的事情。

（6）失望。不断地期待奇迹出现，却一次又一次地失望。如希望自己的孩子还活着，然而孩子却永远地离开了自己。

当然也不乏积极的心态，如希望。拥有这种心态的人期待重建家园，希望会有更好的生活到来。

2. 身体症状

（1）疲倦、发抖或抽筋。

（2）失眠、呼吸困难。

（3）做噩梦。

（4）感觉喉咙及胸部梗塞。

（5）心神不宁。

（6）恶心、晕眩。

（7）记忆力减退。

（8）注意力不集中。

（9）反胃、拉肚子、月经失调、子宫痉挛、肌肉疼痛（包括头、颈、背痛）等生理病变。

（10）心跳突然加快。

三、重大创伤后压力症候群

面临重大的灾难，压力会使人们产生一些短期的症状。有时因为创伤过于严重，如一个人经历或目击了死亡，或受到死亡的威胁及严重的伤害，可能会使人们产生更为强烈的反应，如极度的无助或恐惧感。这种持续的状态（尤其是灾难事件发生一个月后仍然存在的）被称为“重大创伤后压力症候群”。经历这些症状的当事人，极有可能需要专业人员进一步协助以走出心理困境。重大创伤后压力症候群包括：

1. 灾难的再次经历

这是指不断地经历创伤事件。例如：

（1）灾难痛苦的回忆反复地侵入，包括影像、想法或知觉到的事物。

（2）事件反复痛苦地在梦中出现。

（3）行为表现出像是灾难又再度发生，或是感觉回到事情发生的时刻。

（4）当事人心中强烈的痛苦从其表现、谈话等线索中显示出，或出现与此次灾难有关的生理上的反应。

2. 逃避反应

这是指持续逃避与此次灾害有关的刺激或情境。例如：

（1）努力逃避与创伤有关的思想、感觉或谈话。

（2）努力逃避会勾起创伤回忆的活动、地点或人们。

（3）在回忆灾害的重要部分时有困难。

（4）对于重要活动明显地降低兴趣或减少参与。

（5）产生疏离感或与他人疏远，情感、情绪减少（如没有爱的感受）。

（6）对前途悲观（不期待未来的生活、婚姻、小孩、正常的寿命等）。

3. 高度的警觉性

这是指个体对环境的反应持续地处在高度警戒的状态。例如：

（1）难以入睡或保持睡眠。

（2）易怒或爆发愤怒。

（3）集中注意力困难。

（4）过度警觉。

（5）过度的惊吓反应。

第二节　儿童创伤经验、创伤问题评估

一、什么是创伤

创伤是指儿童在没有准备的情况下受伤或看到意外发生（如地震、车祸、火灾等）所造成的心理上的后遗症，进而影响儿童的日常行为以及今后的人生。

其实所有人在经历可怕的经验之后，都会有一定的急性压力反应。为了应付突如其来的灾变，每个人都会动员所有力量，生理及心理的状态都会有不小的改变。这些急性反应是正常的，是应付突然变故所需要的。只是儿童的这些行为需要在安全可靠且成人提供必要保证的条件下才会慢慢消逝。

一般来说，受到创伤的儿童会变得很胆小，容易被吓到，他可能会对以前喜欢的活动失去兴趣，变得容易分心、爱哭、爱发脾气、不听话；相反，有的儿童会变得很懂事，但是晚上会做噩梦、睡不着或者尿床。

在经历了大灾难之后，儿童可能会显得心情特别烦乱，需要表达感觉，也可能会伴随出现身心状况。我们把最常见的反应归为以下三类：

1. 重新经历型

儿童会以各种方式重回地震当时的情境，想要重新控制那次经验。这类方式包括游戏、幻想、目睹、梦境等。儿童常见的反应有：① 带着恐惧的神情，重复与地震相关的游戏或言语；② 总以为地在摇晃；③ 接触跟地震有关的画面或情景时，神情就显得非常害怕；④ 做噩梦或半夜惊醒。

（1）在游戏中不断重演灾难当时的情境。一般来说，这是很正常的反

应，尤其是对低年级的孩子来说。但是，如果孩子不断重复且每次都带有极大的情绪，则很可能需要帮助。

（2）常常做噩梦或从梦中惊醒。孩子可能不会像大人那样记得梦里的内容与地震有关，但很多孩子容易在睡眠后期惊醒。

（3）体验的唤起。在特定或不特定的情境下，孩子仿佛又重新回到灾难发生时的情境中。

2. 逃避麻木型

少数孩子会逃避所有和地震相关的事情，通常包括两种情形：不愿意或不能回想；不愿意看到或经历，更不愿意讨论。

这种类型的孩子可能会因为害怕地震而心情不好，也可能很不愿意回到原来居住的地方，或者个性改变，变得比以前乖巧、懂事等。他们无法讨论或表达与创伤事件相关的感受或情绪，逃避与创伤有关的思想感觉或谈话，回忆灾难的重要部分有困难。

孩子的这种反应类型常常会被忽略，而且常被认为，焦虑对孩子来说已经无法面对，必须采用逃避的方式。因此，我们必须对这样的反应保持高度的警觉，要非常小心地观察，并及时作出判断。

3. 过度警觉型

这是孩子在灾后最常出现的反应类型。其实不只是孩子如此，任何人在面对突然的巨变时，都会有高度的警觉，必须等到环境可以完全令人放心后，才有可能消退。这些常见反应通常包括：常常注意逃生、防护用具，或者注意房子的安全；不敢独处；常常担心地震会再来，同时神情恐惧；对很小的余震有过度的反应；易发脾气；心不在焉或者发呆等。

（1）变得易怒或较为冲动。在家庭中和兄弟姐妹吵架以及破坏玩具的情况增加，或是对家人、朋友、老师、同学的敌意增强。

（2）广泛性的恐惧。持续对自然事件的害怕，害怕将来的灾变，甚至对其他所有事物也出现恐惧的反应。

（3）学习困难。注意力不集中，上课不专心，成绩下降。有许多研究显示，部分孩子因此而需要接受药物治疗。

（4）睡眠困难。难以入睡或容易醒，或畏惧夜晚，害怕黑暗，不敢睡觉。

二、创伤后压力疾患的高危险群

1. 高危险群的含义

高危险群特指在地震后，特别容易出现严重灾后创伤的一些孩子。他们比较容易因为强烈而持续的症状影响到未来的情绪、认知以及人格结构的发展。

根据过去流行病学的研究显示，属于以下六种情形当中的一个或一个以上的孩子，为高危险群：

（1）灾难严重度高。它是指自己或父母受伤、受困或罹难，家中房屋倒塌。这是高危险因子中最重要的一个。因为这会造成整体的影响，不仅影响孩子，也影响父母。而受到影响的父母，他们的反应又再度影响孩子。灾难越大，孩子出现严重灾后创伤症状的可能性就越大。即使孩子原本乐观、健康，在极大的灾难下仍很可能出现严重症状。也就是说，家中生命和财产损失越严重，孩子出现严重症状的危险性越高。

（2）灾难在很接近孩子的地方发生。同样是亲人受伤或死亡，亲眼目睹的孩子更容易出现严重症状。有些孩子家里所有人皆安全，但曾在整个过程中看到他人死伤的惨状（如看到尸体），这会给孩子造成很大的压力，因为亲眼目睹比在电视上看到或从同学口中听到所造成的压力要大得多。

（3）与父母分离。它是指父母在灾后罹难或者曾住院。父母以及主要照顾者是孩子安全感的来源，失去他们，孩子的世界近于解体，将更难从混乱中恢复平衡。失亲的孩子比其他的孩子要面临更大的压力。

（4）父母本身有严重的创伤后症状。父母可以给孩子足够的支持，能改正孩子对灾难的错误归因。若父母本身受严重创伤后症状的影响，则将较难协助孩子，甚至从正面影响孩子。

（5）灾后出现严重的家庭内冲突。地震灾难使得房屋受损、医院倒塌、通信中断，经济与交通几乎崩溃。这对家中成人来说是极大的压力，家中平时的沟通问题极可能在此时浮现，许多家庭在此时爆发严重的冲突。孩子或许不会因为地震直接的灾害而受到很大的创伤，却可能会因为大人的沟通不良与价值观的改变而受到伤害。

（6） 孩子原本就有其他疾患。如一个原本就有情绪障碍、注意力缺损或行为问题的孩子，在创伤后其问题有可能会变得更加严重。

2. 关注失亲群体

失亲儿童这一特殊群体应受到特别关注。当儿童家中有人罹难或伤亡时，儿童会出现哀伤的反应，哀伤的程度与儿童对死亡的理解能力有关。

（1）3～5岁的儿童可能会否认死亡的事实而只关心他们自己的需要。例如：“谁会照顾我们?”他们有时也可能会用他们的愿望来表达感受。例如：“妈妈明天会回来。”

（2）6～9岁的儿童已经能明白人死不能复生，却不能理解死亡在生理上的意义，所以会有许多关于死亡的想象。他们可能会问许多问题，有时相当情绪化，有时则茫然、不敏感，也可能会若无其事地玩耍、说话。

（3）10岁或者更大的孩子对死亡会有更完整的了解，而这种了解会让他们觉得死亡很可怕。

3. 失亲儿童可能出现的反应

（1）否认失去亲人的事实。部分孩子会表现出像是亲人还在时一样的行为，或听到死去亲人的声音。

（2）整体的混乱行为。较小的孩子可能会出现思考、行为混乱而无法统整。

（3）错误的归因。中低年级的孩子已经能理解死亡是永远离开的意思，但仍无法理解死亡的生理意义，所以会有许多归因。若孩子认为是自己的行为导致这次灾难，则会出现严重的罪恶感；若孩子认为是某个人的行为导致这次灾难，则可能出现极度的愤怒。

（4）愤怒。认为上天对自己太不公平。低年级的孩子可能无法清楚表达，而只是从整体上变得易怒而冲动。

（5）强烈的无力感。变得闷闷不乐，许多事都不想做，对自己的未来很悲观。

（6）幸存者有罪恶感。自己活着，而家人死了，因自己没能救他们而感到对不起他们。

（7）唤起过去对死亡的种种经验与感受。这是一个容易唤起过去创伤的时刻，若孩子过去曾有过严重的失落经验，此时很可能会唤起其过去的感受。

（8）其他与一般创伤类似的经验。如学业适应困难、睡眠障碍等问题。

此外，并不是说非高危险群的孩子就一定没有危险，界定高危险因子的意义，在于高危险群的孩子比非高危险群的孩子面临更大的危险。而高危险群也不见得人人都会罹患灾后创伤疾患，非高危险群也不见得就一定不会罹患。例如，父母亲去世的孩子不一定就会罹患灾后创伤疾患，只是比双亲健在的孩子罹患的可能性高；而父母健在的孩子不见得不会罹患灾后创伤疾患。所以，必须经过诊断评估来确定孩子是否真的存在严重的症状。如果有严重症状，应判断孩子应该接受何种治疗。同样，如果家长或者老师已经发现孩子有严重的症状，即使这个孩子不属于我们界定的危险群，也应该给予治疗。

三、哪些孩子应该安排接受儿童精神科的评估或治疗

1. 家长或老师认为有必要接受治疗的孩子

（1）部分孩子原本就存在问题，此时正是处理的时机。部分孩子原本即存在多动与注意力不集中或其他儿童精神医学上的问题，虽然并非地震所造成，灾后症状也未加重，但在整体环境不稳定的情况下，其问题产生的可能性大增。若老师认为有需要，亦可安排必要的评估与治疗。

（2）教育辅导与医学治疗的互补。临床儿童精神科医师觉得某个孩子无法单独接受医疗时，可以辅以教育。

（3）老师和家长是最了解孩子的人。过去的经验中，设计得再仔细的量表仍然可能有遗漏，老师和家长的判断常常能弥补这一点。

2. 家庭在灾后出现解体或失序的孩子

（1）家庭内出现严重的冲突。因为空间拥挤、不安定等因素，造成父母之间争吵增加。许多孩子的症状并不是受到地震创伤的直接影响，而是受父母影响所引起的。

（2）双亲中至少一方死亡。对学龄儿童来说，这是最严重的伤害。

（3）父母中有人出现严重灾后创伤疾患。这会对孩子造成长期的压力，若不积极介入处理，孩子会在未来经常出现类似的症状。

3. 出现严重的偏差行为表现或情绪困扰的孩子

（1）退化行为失控。如果孩子时常出现混乱或危害身体健康的行为，极可能是其焦虑度已经高到自己无法忍受的程度。此时，常常是个别心理治疗和药物治疗可以帮忙的阶段。

（2）严重的恐惧、忧郁、焦虑和失眠。如果孩子失眠或噩梦的情况已经

达到影响日常作息的程度，应及早处理，以免成为长期问题。

（3）变得好动、不专心、冲动。许多研究显示，在创伤情景之后，会出现典型过动疾患的症状。虽然部分孩子可因行为改变而使症状得到改善，但也有部分孩子需要接受短期的药物治疗。

4. 长期正确应对之下症状仍然没有改善的孩子

（1）孩子的症状一般不会持续。如果环境稳定，绝大多数孩子的症状都会在一个月内得到改善；如果孩子的问题一直持续，则建议安排儿童精神科进行评估。

（2）在家中和在学校的表现完全不同。这可能是因为老师能够给予很好的辅导和支持，孩子在学校的情形相对稳定，而父母却不知道如何处理孩子在家中的行为和情绪。因此，如果孩子失眠或其他症状一直持续，家长可以和老师会谈商定处理。

5. 确实存在严重创伤疾患的孩子

（1）高危险群评估。筛检出高危险群孩子后，便由儿童精神科医师进行诊断评估，并由儿童心理咨询师进行投射性心理测验，以评估该孩子是否需要接受进一步的治疗。

（2）家长及老师量表。若量表显示该孩子之症状得分高于危险值，则应由儿童精神科医师进行诊断评估，并由儿童心理咨询师进行投射性心理测验。

6. 未来极可能会出现严重创伤后压力疾患的孩子

部分孩子在诊断会谈时没有明显的灾后创伤症状，但在评估或测验中却显示出未来产生该症状的危险性，此时应针对该危险因子予以排除。

因此，在会诊、会谈以及量表的题目中，一定要特别针对数项对未来会造成影响的因子加以评估。

第三节　援助者的自我评估

没有一个人会在目睹一场巨大的灾难后无动于衷。救援人员不断目睹一幕幕生离死别的人间惨剧后，可能会对自己的身心健康造成冲击。当我们在讨论地震的受害者时，应当注意广泛意义上的灾难事件受害者。其包括两大类：服务的接受者以及服务的提供者。因此，在做心理重建工作时，切不可忽略参与救灾工作的相关人员和其他社会大众。

一、参与救灾工作的相关人员可能面临的压力源

一般来说，参与救灾工作的相关人员会面临三种类型的压力源：

（1）救援人员的损失或受伤。救援人员的损失或受伤指参与救灾时因为过度疲劳而无法发挥功能或者受到伤害。

（2）创伤性的刺激。救援人员目睹灾难事件现场的凄惨景象而产生恐惧、惊吓反应。

（3）任务失败。当救援工作未达到预期效果时，救援人员感到非常失望或觉得自己没有价值。

二、救援人员在压力下可能产生的症状

救援人员在参与救灾阶段与任务结束阶段，都会面临不同的压力，有些压力甚至是不断累积或周期性地复发。如果救援人员未能了解自己的压力源并予以适当的处理，当压力累积到一定程度后，就可能会产生一系列症状。

1. 生理方面

（1）极度疲劳，睡眠不足，产生生理上的不舒服感觉，如眩晕、呼吸急促等。

（2）胃痛与腹泻。

（3）听力减弱，视角广度变小。

（4）虚弱感、麻木感，手脚感到刺痛或沉重。

（5）身体不协调感、肌肉酸痛感。

（6）感觉喉咙有肿块。

（7）胸腔疼痛。

（8）过度的惊吓反射动作。

（9）食欲改变。

2. 认知方面

所有的认知历程都被严重的压力负面影响着。在急性压力阶段，除伴随生理上的症状外，往往还有以下现象：

（1）记忆力出现问题。

（2）叫出物体名字困难，如要请别人给他某物品时，说不出需要什么东西。

（3）失去方向感。

（4）心智混乱，思考缓慢。

（5）逻辑运用或判断决策与解决问题出现困难。

（6）注意力无法集中，注意广度受到限制。

（7）丧失寻求替代方案或其他方法的能力。

（8）丧失客观性。

3. 情绪方面

（1）感到自己像英雄般无懈可击。

（2）过度地狂喜、焦虑或恐惧。

（3）对同伴、政府官员或媒体感到愤怒或责备。

（4）易怒、过分亢奋、不休息。

（5）悲伤、哀悼、忧郁、心情低落。

（6）梦魇连连或睡眠困难。

（7）对自己做得不好有罪恶感。

（8）感到被人孤立、冷漠或疏远。

（9）冷淡、兴趣降低、情感否认、麻木感。

（10）对别人的安危过度担忧。

4. 行为方面

（1）沟通困难，不管是使用口语还是书面语。

（2）活动量过度。

（3）做事效率或者有效性降低。

（4）易怒，经常与别人争论。

（5）无法休息或放松。

（6）偶尔短时间哭泣。

（7）饮酒、抽烟或服药量比平时多很多。

（8） 人际疏离感。

事实上，目睹这样严重的灾难，这些反应在短期内均是正常的。它需要用时间来抚平，我们可以采取一些应对策略，使自己尽快恢复正常的生活。

三、参与救援工作相关人员的心理预防

一般来说，在每一次救灾任务暂告一段落之后，应该让救援人员向心理专业人员作一个简单的汇报，请救援人员说出一天工作下来，自己想到什么、看到什么或者有什么心得想与其他同伴一起分享。这样，一方面可以降低个人因为工作负荷量过大而感到身心俱疲与情绪困扰；另一方面可以凝聚救援人员的士气。团体的社会支持能使个人保持脑力、体力与心力的完善状态，为其今后的工作加油、打气。

对照一下出现心理崩溃感的征兆和表现，及时处理自己的心理压力：

（1） 身体反应——易疲劳。由于身心极度疲劳，以及休息与睡眠不足，易产生生理上的不适感，如体能下降、眩晕、呼吸困难、紧张、无法放松等。

（2） 心理反应——创伤反应和人际冲突。因心力交瘁、筋疲力尽而觉得生气，如对周围的人感到愤怒，有不安全感，失去信任感。

（3） 职业困扰——耗竭感。感到软弱、内疚和羞愧，认为自己的问题与受灾者相比微不足道，怀疑自己的职业选择，觉得自己本可以做得更好、更多，怀疑自己是否已经尽力。

出现这些症状后，自己能为自己所做的有如下八点：

（1） 告诉自己所有的感觉均是正常的，允许自己有一些负面情绪，在离开救灾工作岗位之前，适时地将这些感觉和救灾经验与其他的救灾伙伴分享。

（2） 留意自己与伙伴是否过度疲惫，自己也应适时地放松、休息与睡眠。

（3） 必须定时、定量地饮食，即使不太想吃东西。

（4） 虽然条件有限，但是尽量让自己休息时的环境保持安静、舒服、自在。

（5） 多给予自己及亲友鼓励，互相加油、打气，继续之前工作的成功做法，避免批评自己或其他伙伴的救援工作。

（6） 肯定自己与工作伙伴在任何微小工作上好的改变，并乐观地期待美好的未来。

（7） 有困难时，不要犹豫，要立即向伙伴们提出，并乐意接受他人提供的帮助与支持。

（8） 避免不必要的伤害，尽量不去其他灾难现场，不要总和受难者或幸存者在一起，每天必须有与救援者们单独在一起的时间。

四、小结

很多人都有自我修复的能力，每个人的地震经历也不一样。有人即使在地震后也有类似的反应，但能自己走出阴影；然而，有的人因为其人格特质或在地震中经历得更多、更深，无法回复到地震之前的状态，那么，寻求心理工作者的帮助将有助于其更好地进行心理调节。

第三章　心理健康水平自我评估

第一节　心理健康临床症状自评量表

《心理健康临床症状自评量表》(SCL－90) 由 Derogatis 于 1973 年编制，在国外应用甚广，20 世纪 80 年代引入我国，并在精神科和心理健康门诊的临床工作中得到广泛应用。《心理健康临床症状自评量表》包含 90 个项目，它是用来测查人的精神症状及其严重程度和变化情况的量表，包含比较广泛的精神症状学内容，从感觉、情感、思维、意识、行为直至生活习惯、人际关系、饮食等均有涉及。临床应用证明，它的评估具有较高的真实性，同时与其他自评量表相比，具有内容大、反应症状丰富、更能准确刻画病人的自觉症状等优点，因此是当前心理门诊中应用最多的一种自评量表。

评定时间：可以评定一个特定的时间，通常是一周的时间。

评定方法：分为五级评分（0 ~ 4 级，有的也用 1 ~ 5 级），0=从无，1=轻度，2=中度，3=偏重，4=严重。在计算实得总分时，应把所得总分减去 90。

SCL－90 包括 9 个因子，每一个因子反映出病人某一方面的症状以及此种症状带来的痛苦情况，通过各因子分别了解症状分布的特点。

9 个因子的含义及其所包含的项目为：

（1）躯体化。包括 1、4、12、27、40、42、48、49、52、53、56、58 共 12 项。它主要反映主观的躯体不适感，包括心血管、胃肠道、呼吸系统主诉不适和头痛、背痛、肌肉酸痛以及焦虑等其他躯体表现。

（2）强迫症状。包括 3、9、10、28、38、45、46、51、55、65 共 10 项。它与临床上强迫表现的症状定义基本相同，主要指那种明知没有必要，但无法摆脱的无意义的思想、冲动、行为等表现，还有一些比较一般的感知障碍（如“脑子空了”、“记忆力不行”等）。

（3）人际关系敏感。包括 6、21、34、36、37、41、61、69、73 共 9

项。它主要指某些人的不自在感与自卑感，尤其是在与其他人相比较时更突出。自卑感、懊丧感以及人事关系明显处理不好的人，往往在这一分量表上得高分。

（4）抑郁。包括 5、14、15、20、22、26、29、30、31、32、54、71、79 共 13 项。它反映的是临床上与抑郁症状群相联系的广泛的概念。忧郁、苦闷的心境是代表性的症状，它还以对生活的兴趣减退、缺乏活动愿望、丧失活动动力等为特征，并包括失望、悲观以及与抑郁相联系的其他感知及躯体方面的问题。这个分量表中有几个项目包括死亡、自杀等概念。

（5）焦虑。包括 2、17、23、33、39、57、72、78、80、86 共 10 项。它通常包括一些临床上明显与焦虑症状相联系的症状和体验，一般指那些无法静息、神经过敏、紧张以及由此产生的躯体征象（如震颤）。反映那种游离不定的焦虑及惊恐发作是本量表的主要内容，它还包括反映“解体”的项目。

（6）敌对。包括 11、24、63、67、74、81 共 6 项。这里主要从三方面来反映病人的敌对表现：思想、感情及行为。其项目包括从厌烦、争论、摔物直至争斗和不可抵制的冲动爆发等各个方面。

（7）恐怖。包括 13、25、47、50、70、75、82 共 7 项。它与传统的恐惧状态或广场恐惧所反映的内容基本一致，恐惧的对象包括出门旅游、空旷场地、人群或公共场所及交通工具。此外还有反映社交恐惧的项目。

（8）偏执。包括 8、18、43、68、76、83、85、87、88、90 共 10 项。本分量表包括偏执概念的一些基本内容，主要指思维方面，如投射性思维、敌对、猜疑、关系妄想、妄想被动体验和夸大等。

（9）精神病性。包括 7、16、35、62、77、84、85、87、88、90 共 10 项。它用于在门诊中迅速、扼要地了解病人的病情程度，以便作出进一步的治疗或住院等决定，故把一些明显的、纯精神病性的项目汇集到了本分量表中。有 4 个项目代表一级症状，即幻听、思维播散、被控制感和思维被插入。还有反映非一级症状的精神病表现、精神分裂症样症状等项目。

此外，还有 19、44、59、60、64、66、89 共 7 项未归入任何因子，分析时将这 7 项作为附加项目或其他，作为第 10 个因子来处理，以便使各因子之和等于总分。

《心理健康临床症状自评量表》适用于具有一定阅读和理解能力的被测试者。它主要适用于一般性的神经症、适应障碍及其他轻性精神障碍患者，不适用于鉴别躁狂症和精神分裂症。本量表可以给被测试者和心理咨询师提供丰富、翔实的关于被测试者心理健康状况的参考信息。

心理健康临床症状自评量表（SCL-90）

指导语：以下列出了有些人可能有的病痛或问题，请仔细阅读每一条，然后根据最近一个星期以内（或过去）下列问题影响你或使你感到苦恼的程度，选择对应的选项。请不要漏掉问题。

1. 头痛
①从无　②轻度　③中度　④偏重　⑤严重

2. 神经过敏，心中不踏实
①从无　②轻度　③中度　④偏重　⑤严重

3. 头脑中有不必要的想法或语句盘旋
①从无　②轻度　③中度　④偏重　⑤严重

4. 头晕或晕倒
①从无　②轻度　③中度　④偏重　⑤严重

5. 对异性的兴趣减退
①从无　②轻度　③中度　④偏重　⑤严重

6. 对旁人求全责备
①从无　②轻度　③中度　④偏重　⑤严重

7. 感到别人能控制自己的思想
①从无　②轻度　③中度　④偏重　⑤严重

8. 责怪别人制造麻烦
①从无　②轻度　③中度　④偏重　⑤严重

9. 忘性大
①从无　②轻度　③中度　④偏重　⑤严重

10. 担心自己的衣饰是否整齐及仪态是否端正
①从无　②轻度　③中度　④偏重　⑤严重

11. 容易烦恼和激动
①从无　②轻度　③中度　④偏重　⑤严重

12. 胸痛
①从无　②轻度　③中度　④偏重　⑤严重

13. 害怕空旷的场所或街道
①从无　②轻度　③中度　④偏重　⑤严重
14. 感到自己的精力下降，活动减慢
①从无　②轻度　③中度　④偏重　⑤严重
15. 想结束自己的生命
①从无　②轻度　③中度　④偏重　⑤严重
16. 听到旁人听不到的声音
①从无　②轻度　③中度　④偏重　⑤严重
17. 发抖
①从无　②轻度　③中度　④偏重　⑤严重
18. 感到大多数人都不可信任
①从无　②轻度　③中度　④偏重　⑤严重
19. 胃口不好
①从无　②轻度　③中度　④偏重　⑤严重
20. 容易哭泣
①从无　②轻度　③中度　④偏重　⑤严重
21. 同异性相处时感到害羞、不自在
①从无　②轻度　③中度　④偏重　⑤严重
22. 感到受骗或有人想抓住自己
①从无　②轻度　③中度　④偏重　⑤严重
23. 突然无缘无故地感到害怕
①从无　②轻度　③中度　④偏重　⑤严重
24. 自己不能控制地大发脾气
①从无　②轻度　③中度　④偏重　⑤严重
25. 怕独自出门
①从无　②轻度　③中度　④偏重　⑤严重
26. 经常责怪自己
①从无　②轻度　③中度　④偏重　⑤严重
27. 腰痛
①从无　②轻度　③中度　④偏重　⑤严重
28. 感到难以完成任务
①从无　②轻度　③中度　④偏重　⑤严重

29. 感到孤独
①从无 ②轻度 ③中度 ④偏重 ⑤严重
30. 感到苦闷
①从无 ②轻度 ③中度 ④偏重 ⑤严重
31. 过分担忧
①从无 ②轻度 ③中度 ④偏重 ⑤严重
32. 对事物不感兴趣
①从无 ②轻度 ③中度 ④偏重 ⑤严重
33. 感到害怕
①从无 ②轻度 ③中度 ④偏重 ⑤严重
34. 感情容易受到伤害
①从无 ②轻度 ③中度 ④偏重 ⑤严重
35. 觉得旁人能知道你的想法
①从无 ②轻度 ③中度 ④偏重 ⑤严重
36. 感到别人不理解你、不同情你
①从无 ②轻度 ③中度 ④偏重 ⑤严重
37. 感到人们对你不友好、不喜欢你
①从无 ②轻度 ③中度 ④偏重 ⑤严重
38. 做事必须做得很慢，才能保证做得正确
①从无 ②轻度 ③中度 ④偏重 ⑤严重
39. 心跳得很厉害
①从无 ②轻度 ③中度 ④偏重 ⑤严重
40. 恶心或胃部不舒服
①从无 ②轻度 ③中度 ④偏重 ⑤严重
41. 感到比不上他人
①从无 ②轻度 ③中度 ④偏重 ⑤严重
42. 肌肉酸痛
①从无 ②轻度 ③中度 ④偏重 ⑤严重
43. 感到有人在监视你、谈论你
①从无 ②轻度 ③中度 ④偏重 ⑤严重
44. 难以入睡
①从无 ②轻度 ③中度 ④偏重 ⑤严重

45. 做事必须反复检查

①从无　②轻度　③中度　④偏重　⑤严重

46. 难以作出决定

①从无　②轻度　③中度　④偏重　⑤严重

47. 怕乘电车、公共汽车、地铁或火车

①从无　②轻度　③中度　④偏重　⑤严重

48. 呼吸有困难

①从无　②轻度　③中度　④偏重　⑤严重

49. 经常感到一阵阵发冷或发热

①从无　②轻度　③中度　④偏重　⑤严重

50. 因为感到害怕而避开某些东西、场合或活动

①从无　②轻度　③中度　④偏重　⑤严重

51. 脑子变空了

①从无　②轻度　③中度　④偏重　⑤严重

52. 身体发麻或有刺痛感

①从无　②轻度　③中度　④偏重　⑤严重

53. 喉咙有梗塞感

①从无　②轻度　③中度　④偏重　⑤严重

54. 感到前途没有希望

①从无　②轻度　③中度　④偏重　⑤严重

55. 不能集中注意力

①从无　②轻度　③中度　④偏重　⑤严重

56. 感到身体的某一部分软弱无力

①从无　②轻度　③中度　④偏重　⑤严重

57. 感到紧张或容易紧张

①从无　②轻度　③中度　④偏重　⑤严重

58. 感到手或脚发重

①从无　②轻度　③中度　④偏重　⑤严重

59. 想到死亡的事

①从无　②轻度　③中度　④偏重　⑤严重

60. 吃得太多

①从无　②轻度　③中度　④偏重　⑤严重

61. 当别人看着你或谈论你时感到不自在
①从无　②轻度　③中度　④偏重　⑤严重
62. 有一些不属于你自己的想法
①从无　②轻度　③中度　④偏重　⑤严重
63. 有想打人或伤害他人的冲动
①从无　②轻度　③中度　④偏重　⑤严重
64. 醒得太早
①从无　②轻度　③中度　④偏重　⑤严重
65. 必须反复洗手、点数目或触摸某些东西
①从无　②轻度　③中度　④偏重　⑤严重
66. 睡得不稳、不深
①从无　②轻度　③中度　④偏重　⑤严重
67. 有想摔坏或破坏东西的冲动
①从无　②轻度　③中度　④偏重　⑤严重
68. 有一些别人没有的想法或念头
①从无　②轻度　③中度　④偏重　⑤严重
69. 感到对别人神经过敏
①从无　②轻度　③中度　④偏重　⑤严重
70. 在商店或电影院等人多的地方感到不自在
①从无　②轻度　③中度　④偏重　⑤严重
71. 感到任何事情都很困难
①从无　②轻度　③中度　④偏重　⑤严重
72. 出现一阵阵恐惧或惊恐感
①从无　②轻度　③中度　④偏重　⑤严重
73. 感到在公共场合吃东西很不舒服
①从无　②轻度　③中度　④偏重　⑤严重
74. 经常与人争论
①从无　②轻度　③中度　④偏重　⑤严重
75. 单独一人时神经很紧张
①从无　②轻度　③中度　④偏重　⑤严重
76. 担心别人对你的成绩没有作出恰当的评价
①从无　②轻度　③中度　④偏重　⑤严重

77. 即使和别人在一起也感到孤单
①从无 ②轻度 ③中度 ④偏重 ⑤严重
78. 感到坐立不安、心神不定
①从无 ②轻度 ③中度 ④偏重 ⑤严重
79. 感到自己没有什么价值
①从无 ②轻度 ③中度 ④偏重 ⑤严重
80. 感到熟悉的东西已变得陌生或不像是真的
①从无 ②轻度 ③中度 ④偏重 ⑤严重
81. 喜欢大叫或摔东西
①从无 ②轻度 ③中度 ④偏重 ⑤严重
82. 害怕会在公共场合晕倒
①从无 ②轻度 ③中度 ④偏重 ⑤严重
83. 感到别人想占自己的便宜
①从无 ②轻度 ③中度 ④偏重 ⑤严重
84. 为一些与性有关的想法而苦恼
①从无 ②轻度 ③中度 ④偏重 ⑤严重
85. 认为应该为自己的过错受到惩罚
①从无 ②轻度 ③中度 ④偏重 ⑤严重
86. 感到需要很快把事情做完
①从无 ②轻度 ③中度 ④偏重 ⑤严重
87. 感到自己的身体有严重问题
①从无 ②轻度 ③中度 ④偏重 ⑤严重
88. 从未感到与其他人很亲近
①从无 ②轻度 ③中度 ④偏重 ⑤严重
89. 觉得自己有罪
①从无 ②轻度 ③中度 ④偏重 ⑤严重
90. 感到自己的脑子有毛病
①从无 ②轻度 ③中度 ④偏重 ⑤严重

第二节　应付方式量表

Gentry（1983）曾较乐观地认为我们正趋向发展一门“应付科学”。这种意见是对 Pelietier 于 20 世纪 70 年代提出的“现代人类疾病一半以上与应激有关”这一观点认同的结果。因为，应付作为应激与健康的中介机制，对身心健康的保护起着重要的作用。但是当个体面对应激环境时，哪一类或哪一种应付方式才是良好的应付方式呢？如何测量或评估个体的应付方式呢？本着积极开拓应付行为领域的研究，发展一套适合中国人使用的“应付方式问卷”的思想，我们参阅了国外部分较好的研究应付和防御时所用的问卷，并借助他们的经验和知识，结合我们汉语的语言特点以及中国人处世的一些行为习惯，编制了“应付方式问卷”。

1. 使用范围

（1） 文化程度在初中和初中以上。

（2） 年龄在 14 岁以上的青少年、成年人和老年人。

（3） 除痴呆和重性精神病之外的各种心理障碍患者。

2. 使用方法和注意事项

（1） “应付方式问卷”为自陈式个体应付行为评定量表。检查者将该问卷发给受检者后，要求受检者首先认真阅读指导语，然后根据自己的实际情况，逐条回答问卷的每个条目提及的问题。答完问题后，当场回收。

（2） 每个条目有两个答案，即“是”与“否”。如果选择“是”，则请继续对后面的“有效”、“比较有效”、“无效”作出评估；如果选择“否”，则请继续下一条目。

（3） 评定的时间范围是指受检者近两年来的应付行为状况。

3. 记分方法

（1）量表分记分方法。

“应付方式问卷”有 6 个分量表，每个分量表由若干个条目组成，每个条目只有两个答案，即“是”与“否”。记分分为以下两种情况：

①除b所列举的情况外，各个分量表的记分均为选择“是”得1分，选择“否”得0分。将每个条目得分相加，即得出该分量表的量表分。

②在“解决问题”分量表中的第19条以及在“求助”分量表中的第36、39和42条，选择“否”得1分，选择“是”得0分。

（2）计算各分量表的因子分。

分量表的因子分 = 分量表单项条目分之和 / 分量表条目数

应付方式问卷

姓名：　　性别：　　年龄：　　文化：

职业：　　籍贯：　　住址：　　编号：

填表方法：

以下每个条目有两个答案，即“是”与“否”。请你根据自己的情况在每一条目后选择一个答案，如果选择“是”，则请继续对后面的“有效”、“比较有效”、“无效”作出评估。

选择对应的数值，在题号下打钩。

1．能理智地应付困境

①是　②否　③有效　④比较有效　⑤无效

2．善于从失败中吸取经验

①是　②否　③有效　④比较有效　⑤无效

3．制订一些克服困难的计划并按计划去做

①是　②否　③有效　④比较有效　⑤无效

4．常希望自己已经解决了面临的困难

①是　②否　③有效　④比较有效　⑤无效

5．对自己取得成功的能力充满信心

①是　②否　③有效　④比较有效　⑤无效

6．认为“人生经历就是磨难”

①是　②否　③有效　④比较有效　⑤无效

7．常感叹生活的艰难

①是　②否　③有效　④比较有效　⑤无效

8. 专心于工作或学习以忘却不快

①是　②否　③有效　④比较有效　⑤无效

9. 常认为“生死由命，富贵在天”

①是　②否　③有效　④比较有效　⑤无效

10. 常常喜欢找人聊天以减轻烦恼

①是　②否　③有效　④比较有效　⑤无效

11. 请求别人帮助自己克服困难

①是　②否　③有效　④比较有效　⑤无效

12. 常常只按自己想的做，且不考虑后果

①是　②否　③有效　④比较有效　⑤无效

13. 不愿过多思考影响自己情绪的问题

①是　②否　③有效　④比较有效　⑤无效

14. 投身于其他社会活动，寻找新寄托

①是　②否　③有效　④比较有效　⑤无效

15. 常自暴自弃

①是　②否　③有效　④比较有效　⑤无效

16. 常以无所谓的态度来掩饰内心的感受

①是　②否　③有效　④比较有效　⑤无效

17. 常想“这不是真的就好了”

①是　②否　③有效　④比较有效　⑤无效

18. 认为自己的失败多是外因所致

①是　②否　③有效　④比较有效　⑤无效

19. 对困难采取等待观望、任其发展的态度

①是　②否　③有效　④比较有效　⑤无效

20. 与人冲突，常是由于对方性格怪异而引起

①是　②否　③有效　④比较有效　⑤无效

21. 常向引起问题的人和事发脾气

①是　②否　③有效　④比较有效　⑤无效

22. 常幻想自己有克服困难的超人本领

①是　②否　③有效　④比较有效　⑤无效

23. 常自我责备

①是　②否　③有效　④比较有效　⑤无效

24. 常用睡觉的方式逃避痛苦
①是 ②否 ③有效 ④比较有效 ⑤无效
25. 常借娱乐活动来消除烦恼
①是 ②否 ③有效 ④比较有效 ⑤无效
26. 常爱想些高兴的事以自我安慰
①是 ②否 ③有效 ④比较有效 ⑤无效
27. 避开困难以求心中安宁
①是 ②否 ③有效 ④比较有效 ⑤无效
28. 为不能回避困难而懊恼
①是 ②否 ③有效 ④比较有效 ⑤无效
29. 常用两种以上的办法解决困难
①是 ②否 ③有效 ④比较有效 ⑤无效
30. 常认为没有必要那么费力地去争成败
①是 ②否 ③有效 ④比较有效 ⑤无效
31. 努力去改变现状，使情况向好的一面转变
①是 ②否 ③有效 ④比较有效 ⑤无效
32. 借烟或酒消愁
①是 ②否 ③有效 ④比较有效 ⑤无效
33. 常责怪他人
①是 ②否 ③有效 ④比较有效 ⑤无效
34. 对困难常采取回避的态度
①是 ②否 ③有效 ④比较有效 ⑤无效
35. 认为“退后一步自然宽”
①是 ②否 ③有效 ④比较有效 ⑤无效
36. 把不愉快的事放在心里
①是 ②否 ③有效 ④比较有效 ⑤无效
37. 常自卑、自怜
①是 ②否 ③有效 ④比较有效 ⑤无效
38. 常认为生活对自己不公平
①是 ②否 ③有效 ④比较有效 ⑤无效
39. 常压抑内心的愤怒与不满
①是 ②否 ③有效 ④比较有效 ⑤无效

40. 吸取自己或他人的经验去应对困难

①是　②否　③有效　④比较有效　⑤无效

41. 常不相信那些对自己不利的事

①是　②否　③有效　④比较有效　⑤无效

42. 为了自尊，常不愿让人知道自己的遭遇

①是　②否　③有效　④比较有效　⑤无效

43. 常与同事、朋友一起讨论解决问题的办法

①是　②否　③有效　④比较有效　⑤无效

44. 常告诫自己“能忍者自安”

①是　②否　③有效　④比较有效　⑤无效

45. 常祈祷神灵保佑

①是　②否　③有效　④比较有效　⑤无效

46. 常用幽默或开玩笑的方式缓解冲突或不快

①是　②否　③有效　④比较有效　⑤无效

47. 认为自己能力有限，只有忍耐

①是　②否　③有效　④比较有效　⑤无效

48. 常怪自己没出息

①是　②否　③有效　④比较有效　⑤无效

49. 常爱幻想一些不现实的事来消除烦恼

①是　②否　③有效　④比较有效　⑤无效

50. 常抱怨自己无能

①是　②否　③有效　④比较有效　⑤无效

51. 常能看到坏事中有好的一面

①是　②否　③有效　④比较有效　⑤无效

52. 自感挫折是对自己的考验

①是　②否　③有效　④比较有效　⑤无效

53. 常向有经验的亲友、师长求教解决问题的方法

①是　②否　③有效　④比较有效　⑤无效

54. 平心静气，淡化烦恼

①是　②否　③有效　④比较有效　⑤无效

55. 努力寻找解决问题的办法

①是　②否　③有效　④比较有效　⑤无效

56. 选择职业不当，是自己常遭挫折的主要原因

①是　②否　③有效　④比较有效　⑤无效

57. 总怪自己不好

①是　②否　③有效　④比较有效　⑤无效

58. 经常觉得已看破红尘，不在乎自己的不幸遭遇

①是　②否　③有效　④比较有效　⑤无效

59. 常自感运气不好

①是　②否　③有效　④比较有效　⑤无效

60. 常向他人诉说心中的烦恼

①是　②否　③有效　④比较有效　⑤无效

61. 常自感无所作为而任其自然发展

①是　②否　③有效　④比较有效　⑤无效

62. 常寻求别人的理解和同情

①是　②否　③有效　④比较有效　⑤无效

第三节　焦虑自评量表

焦虑自评量表（self-rating anxiety scale，SAS）是由 Zung 于 1971 年编制而成的，从量表构造的形式到具体评定的方法，都与抑郁自评量表（SDS）十分相似。它也是一个含有 20 个项目、分为 4 级评分的自评量表，用于评定焦虑病人的主观感受。

一、项目、定义和评分标准

SAS 采用 4 级评分，主要评定项目为所定义的症状出现的频率度，其标准为：“1”表示没有或很少有时间；“2”表示小部分时间；“3”表示相当多时间；“4”表示绝大部分或全部时间。

二、适应对象

SAS适用于具有焦虑症状的成年人。同时，它与SDS一样，具有较广泛的适用性。

三、评定方法

（1）在开始评定之前，自评者要仔细阅读，明白整个量表的填写方法及每个问题的含义，然后作出独立的、不受任何人影响的自我评定。

（2）在开始评定之前，先由工作人员拿出SAS的说明并告诉他：下面有20条文字，请仔细阅读每一条，然后根据你最近一星期的实际情况进行判断；如果符合自己的情况，在适当的方格里打钩（每条只能选择一种情况）。各条文字后面有4个方格，分别代表没有或很少发生、小部分时间、相当多时间、绝大部分或全部时间。

如果自评者的文化程度太低，不能理解或看不懂SAS的内容，可由工作人员逐条念给他听，让自评者独立地作出评定。一次评定一般可在10分钟内完成。

四、注意事项

（1）评定的时间范围，应强调是“现在或过去一周”。

（2）在评定结束时，工作人员应仔细检查自评结果，并提醒自评者不要漏评任何一个项目，也不要在同一个项目内打两个钩（即不要重复评定）。

（3）SAS应在开始治疗前由自评者评定一次，然后至少应在治疗后（或研究结束时）再让他自评一次，以便根据SAS的总分变化来分析自评者症状的变化情况。如在治疗期间或研究期间评定，其间隔可由研究者自行安排。

五、结果分析

SAS的主要统计指标为总分。由自评者评定结束后，将20个项目的各个得分相加，即得出粗分（raw score）；用总粗分乘以1.25后取整数部分，就得出标准分（index score），或者可以查表作相同的转换。必须着重指出的是，在 SAS 的 20 个项目中，第 5、9、13、17、19 条各项目的计分必须反向计算。

总粗分 × 1.25 = 标准总分

按中国常模，总粗分正常上限为 40，标准分为 50。

粗分与标准分换算表

粗分	标准分	粗分	标准分	粗分	标准分
20	25	41	51	62	78
21	26	42	53	63	79
22	28	43	54	64	80
23	29	44	55	65	81
24	30	45	56	66	83
25	31	46	58	67	84
26	33	47	59	68	85
27	34	48	60	69	86
28	35	49	61	70	88
29	36	50	63	71	89
30	38	51	64	72	90
31	39	52	65	73	91
32	40	53	66	74	93
33	41	54	68	75	94
34	43	55	69	76	95
35	44	56	70	77	96
36	45	57	71	78	98
37	46	58	73	79	99
38	48	59	74	80	100
39	49	60	75		
40	50	61	76		

六、应用评价

（1）SAS 是分析病人主观症状的一种相当简便的临床工具。作者对 36 例神经官能症患者进行了 SAS 评定，并同时用 HAMA 作询问检查，两表总分的 Pearson 相关法的相关系数为 0.365，Spearman 等级的相关系数为 0.341，结果表明 SAS 的效度相当高。国外研究认为，SAS 能较准确地反映有焦虑倾向的精神病患者的主观感受。而焦虑则是心理咨询门诊病人中较常见的一种情绪障碍；近年来，SAS 已作为咨询门诊中了解焦虑症状的一种自评工具。

不同精神疾患的 SAS 总分（标准分）：

诊断	例数	总分均值	标准差
焦虑症	22	58.7	13.5
精神分裂症	25	46.4	12.9
抑郁症	96	50.7	13.4
人格障碍	54	51.2	13.2
正常对照组	100	33.8	5.9

（2）对中国正常人 1 158 例常模研究结果发现，正评 15 项单分均值为 1.29 + 0.98；反评 5 项单分均值为 2.08 + 1.71，20 项总分均值 29.78 + 0.46 可作为常模总分均值之上限。

（3）全国部分量表协作组对 129 例神经衰弱、焦虑症和抑郁性神经症患者进行了检查，得出 SAS 的总分均值为 42.98 ± 9.94，其中神经衰弱为 40.52 + 6.62，48 例焦虑症为 45.68 ± 11.23。经 F 值检验的结果无显著意义，$p > 0.05$。表明自评性焦虑症状量表 SAS，无法区别三类神经症的严重性和特殊性，必须同时应用其他自评量表如 CESD、SCL－90 等或他评量表 HAMA、HAMD 等才能更有助于神经症临床分类。

焦虑自评量表 (SAS)

姓名：　　　　　　性别：　　　　　　年龄：

文化程度：　　　　职业：　　　　　　评定日期：（第　　次评定）

填表注意事项：

下面有20条文字，请仔细阅读每一条，然后根据你最近一星期的实际情况在适当的方格内打钩。每一条文字后有4个方格，分别表示：A——没有或很少时间；B——小部分时间；C——相当多时间；D——绝大部分或全部时间。

	A	B	C	D
1. 我觉得比平时容易紧张和着急	□	□	□	□
2. 我无缘无故地感到害怕	□	□	□	□
3. 我容易心里烦乱或觉得惊恐	□	□	□	□
4. 我觉得自己将要发疯	□	□	□	□
5. 我觉得一切都很好，也不会发生什么不幸	□	□	□	□
6. 我的手脚在发抖打战	□	□	□	□
7. 我因为头疼、颈痛和背痛而苦恼	□	□	□	□
8. 我觉得容易神经衰弱或疲乏	□	□	□	□
9. 我觉得心平气和，并且容易安静地坐着	□	□	□	□
10. 我觉得心跳得很快	□	□	□	□
11. 我因为一阵阵头晕而苦恼	□	□	□	□
12. 我晕倒过或有过觉得要晕倒似的症状	□	□	□	□
13. 我呼气、吸气都感到很容易	□	□	□	□
14. 我常感到手脚麻木和刺痛	□	□	□	□
15. 我因为胃痛和消化不良而苦恼	□	□	□	□
16. 我经常要小便	□	□	□	□
17. 我的手脚经常是干燥温暖的	□	□	□	□
18. 我容易脸红发热	□	□	□	□
19. 我容易入睡，并且一夜睡得很好	□	□	□	□
20. 我容易做噩梦	□	□	□	□

第四节　抑郁自评量表

抑郁自评量表（self-rating depression scale，SDS）是由 Zung 于 1965 年编制而成的，是美国教育卫生部推荐用于精神药理学研究的量表之一，由 Psychology Express 重新编辑和制作。它能全面、准确、迅速地反映被试抑郁状态的有关症状及其严重程度和变化。本测验为短程自评量表，操作方便，容易掌握，不受年龄、性别、经济状况等因素影响，应用范围颇广，适用于各种职业、文化阶层及年龄段的正常人或各类精神病人，包括青少年病人、老年病人和神经症病人，也特别适用于综合医院用以发现早期抑郁症病人。

这是一个含有 20 个项目、分为 4 级评分的自评量表。其特点是使用简便，能相当直观地反映抑郁病人的主观感受。

一、项目、定义和评分标准

SDS 采用 4 级评分，主要评定症状出现的频度。该 4 级记分标准为：没有或很少时间（记 1 分）；小部分时间（记 2 分）；相当多时间（记 3 分）；绝大部分或全部时间（记 4 分）。

二、适用对象

SDS 主要适用于具有抑郁症状的成年人。除了对有严重阻滞症状者评定有困难外，一般来讲，无论是门诊还是住院病人都是可以接受的。

三、评分方法

SDS 作为精神科的一种自评表，在评定之前，自评者要仔细阅读，明白整个量表的填写方法及每个问题的含义，然后作出独立的、不受任何人影响的自我评定。评定时必须根据最近一星期的实际情况，在适当的方格内打钩。

如果评定者的文化程度太低，不能理解或看不懂 SDS 的内容，可由工作人员逐条地念给他听，让评定者独立地作出评定。一次评定一般可在 7 分钟内完成。

注意事项：

（1）评定的时间范围，应强调是“现在”或“最近一星期”。应将这一时间范围十分明确地告知自评者。

（2） 在评定结束时，工作人员应仔细检查自评结果。除有特殊情况外，一般应提醒自评者不要漏评每一个项目，也不要在同一项目内打两个钩（即不要重复评定）。

（3）应在开始治疗（或开始研究）前让自评者评定一次，然后至少应在治疗后（或研究结束时）再让他评定一次，以便通过 SDS 总分的变化来分析该自评者症状的变化情况。在治疗期间评定，其时间间隔可由研究者自行安排。

四、结果分析

SDS 的分析方法比较简单，主要的统计指标为总分，但要经过一次转换，将粗分转化成标准分。待自评结束后，把 20 个项目中的各项分数相加，即得出总粗分。用总粗分乘以 1.25 后取整数部分，就得出标准分。分数越高，症状越严重。也可以通过粗分与标准分换算表（见本章第三节）查得标准分。

五、需要说明

SDS 的 20 个项目中，第 2、5、6、11、12、14、16、17、18、20 共 10 项的计分，必须反向计算，即按与其相反的频度计分。

六、应用评价

SDS 使用简单，不需要专门的训练即可指导自评者进行，而且它的分析相当方便，能有效地反映抑郁状态的有关症状及其严重程度和变化，特别适用于综合医院用以发现早期抑郁症病人。SDS 的评分不受年龄、性别、经济状况等因素的影响，现已在国外被广泛应用。

抑郁自评量表（SDS）

姓名：　　　　　　　　　性别：　　　　　年龄：
文化程度：　　　　　　　职业：　　　　　评定日期：　（第　　次评定）

填表注意事项：

下面有20条文字，请仔细阅读每一条，然后根据你最近一星期的实际情况在适当的方格内打钩，每一条文字后有4个方格，分别表示：A——没有或很少时间；B——小部分时间；C——相当多时间；D——绝大部分或全部时间。

	A	B	C	D
1．我觉得闷闷不乐，情绪低沉	□	□	□	□
2．我觉得一天当中早晨的心情最好	□	□	□	□
3．我要哭或想哭	□	□	□	□
4．我晚上睡眠不好	□	□	□	□
5．我吃饭和平常一样多	□	□	□	□
6．我与异性接触时和以往一样感到愉快	□	□	□	□
7．我觉得体重减轻	□	□	□	□
8．我为便秘而烦恼	□	□	□	□
9．我的心跳比平时快	□	□	□	□
10．我无缘无故地感到疲乏	□	□	□	□
11．我的头脑跟往常一样清晰	□	□	□	□
12．我做事情像平时一样不感到困难	□	□	□	□
13．我坐卧不安，难以保持平静	□	□	□	□
14．我对未来抱有希望	□	□	□	□
15．我比平时容易生气、激动	□	□	□	□
16．我觉得作出决定是容易的	□	□	□	□
17．我觉得自己是个有用的人，有人需要我	□	□	□	□
18．我觉得生活过得很有意思	□	□	□	□
19．假如我死了，别人会生活得更好	□	□	□	□
20．平时感兴趣的事，我仍然感兴趣	□	□	□	□

第二部分

地震后不同类型人员心理康复指南

第四章　被地震夺去爸爸妈妈的孩子，听我对你说……

第一节　泪水中渗透着坚强的光芒
——孩子，我们自己可以做些什么

一、如果你是 3～5 岁的孩子

在这场突如其来的灾难中，孩子，你失去了最亲的人，等于失去了最重要的依靠，原本所处的安全环境也被破坏了，你可能会哭闹，晚上睡不着觉，或做噩梦、胆小、孤独，不愿与其他小朋友玩耍、自闭等。

孩子，你可以尝试做以下的事情：

1. 画出你的感觉

经历地震这样的大灾难，成人都会表现出恐惧和不安，更别说是年幼的你。在地震的时候，你可能亲眼目睹了一些令人害怕的情景，这些情景让你在接下来的日子里都难以忘记，或在头脑里挥之不去。那么，在这种情况下，孩子，你可以把当时看到的情景，包括情景中的人物、地点或周围环境，以及看到此情景时的心情在图画中表达出来。如果当时你感到害怕，你想大喊或大哭，那么你也可以把这些画出来。

2. 多与周边的小朋友沟通

地震发生后，如果你原先所住的房子成为危房，那么你会搬到其他的安置点，会遇到一些新的小朋友；也有可能你还居住在原来的地方，你身边或许会有熟悉的小朋友。不管是哪一种情况，我都希望你不要把自己封闭起来，相反，要多与其他的小朋友沟通，可以和他们一起玩过去常常玩的游戏，可以一起看看漫画书，可以一起分享食物，等等。

二、如果你是 6 ~ 10 岁的孩子

孩子，你已经能够完整地表述自己的意愿，对地震发生时的情景和自己的经历会有比较清晰的记忆。关于父母的记忆会比较深刻，在生活中对父母会有较强的依赖。地震夺去了你的爸爸妈妈，带给了你巨大的创伤，你可能会表现出易怒、爱哭泣、在家或学校出现攻击性行为、做噩梦、害怕黑暗、逃学、不愿与同伴交往等。

孩子，你可以尝试做以下的事情：

1. 找一个空间好好发泄你的情绪

即使是在生活中丢失了一支心爱的笔或一个布娃娃，我想你都会感到难过，更何况在地震中你失去的是最亲近的人，你内心的痛苦是很难形容的，这时，你可以找一个属于自己的空间，把愤怒、伤心、想念都表达出来。你的内心肯定还会有很多想与最亲的人说的话，你还会有许多心里的秘密想告诉他们。那么，在这个不受他人干扰的空间里，你可以大胆地表达你的情感，如你对他们的想念，甚至是你对他们的埋怨等。

2. 积极寻求朋友、老师或他人的帮助

在这种艰难痛苦的时刻，你内心需要承受的东西太多，你原本固定的生活模式已被打乱。当你感到难以适应的时候，你可以尝试多与自己信任的朋友谈你内心的难受、不安、伤心等，可以从朋友那里得到心理上或生活上的支持，或许他们还会给你提供一些参考建议。当然，你身边还有老师，你可以主动地将你的心事告诉你喜欢和信任的老师，这是很关键的一步。老师从你的表达中理解了你内心的想法、感受，可以更好地安慰你或者帮助你。当你跟别人诉说你的心情时，其实你的痛苦已经减半了，所以别把自己封闭起来，走出去接触你的朋友，接触你的老师，接触愿意安慰你、帮助你、支持你的人，这样做对你来说才是更好的。

3. 表达对父母的思念

失去与你朝夕相处的最亲爱的父母，你内心的痛苦是超乎想象的，你会在心里不断地想念他们，这样做有可能会让你陷入更加低落的情绪中，或许你可以换一种思念的方式。回想一下，在学校上手工制作课时，你是不是很

积极地动手制作，并且学会了折纸飞机、纸鹤，剪一些图案等，这时，你就可以将内心的想念化为行动了，通过手工制作一些物品来表达你对他们的思念，将满满的爱意传达给遥远的最亲爱的人，他们对你的期望（好好学习，做个好孩子等）也会传达给你。

三、如果你是 11 ~ 15 岁的孩子

孩子，在经历地震灾难后，你可能会出现睡眠失调、食欲不振、叛逆、行为问题（打架、退缩、对一些事物失去兴趣、做出想引起别人注意的行为等）、生理问题（头痛、不明原因的痛、排泄问题等）、失去与同伴交往活动的兴趣等。

孩子，你可以尝试做以下的事情：

1. 多与朋友沟通

一开始你可能会拒绝和旧朋友联系，也不愿意结识周围的新伙伴。但事实上，无论是旧朋友还是周围的新伙伴，一旦你与他们接触交往，你会慢慢发现，参与到他们的活动中，多与他们交流，会对你有所帮助。例如，大家在一起可以说说笑话，讲讲故事或见闻，玩你们喜欢玩的游戏。另外，你还可以和朋友一起参加体育运动或一些力所能及的志愿者活动。你会发现，参加这些活动不仅会减轻自身的恐惧情绪，还可以加深你们的友谊。

2. 克服你的恐惧

一旦你发现自己常常沉浸在思念父母的情绪中，或者你头脑中常常会浮现那些令你害怕、发抖的场景，如果条件允许，你可以听听优美的钢琴曲或其他你喜欢的音乐；你也可以随手拿起一支笔，将你所想到的话语、场景写出来或画出来，只要能大概表达你所想到的内容即可，不必要求写或画得多么完美；你还可以亲手打扫卫生，或做其他力所能及的家务活以分散你的注意力；你还可以回想地震发生之前，你和父母一起度过的最开心的一天，尽量回忆得详细些，例如，你们在什么地方，和哪些人在一起，做了什么开心的事情，当时你的心情如何，好好回想一下那美好时光中的每一分每一秒……孩子，其实灾难发生的情景、画面也会如同那些开心的情景、画面一样终将一去不复返，成为永远的过去！

3. 睡个好觉

从地震发生的那一刻起，你的神经开始绷紧，你紧张、焦虑、恐惧、伤心，你担心地震会再次发生，你也许不能好好地睡一觉。而睡眠对于大脑健康是极为重要的，如果睡眠的时间不足或质量不高，就会对大脑产生不良的影响，大脑的疲劳就难以恢复，严重的可能影响大脑的功能。孩子，你要提高睡眠的质量，首先要了解自己的睡眠周期，选择最适合自己的睡眠时间和方式，形成有规律的生物钟。也可以每天坚持适度的运动，但不要在晚上运动。如果有条件，还可以在临睡前洗个热水澡，或按摩以促进睡眠。另外，吟唱饱含情感的歌曲，倾听冥想音乐（如瀑布、雨水的声音），倾听缓和的流水声都可以带来平静的感觉，使你的内心舒适放松，也会有助于睡眠。

4. 告别与保证

地震了，你身边最亲的人离开了，你一定很伤心，别再忍！孩子，想哭，就痛快地哭吧！也许哭出来你会好受点。别把它憋在心里，要告诉身边其他的亲人或朋友、老师，让他们多安慰你，理解你的痛楚。除了与其他人分担你的不开心，你还可以写写日记，将自己内心所有的情绪都写下来，甚至你可以边写边流泪哭泣。只要你真正把压在心里的所有情绪都表达、发泄出来了，你就会慢慢好起来的，慢慢感觉舒服多了。

孩子，难过哭泣是我们表达自己的重要一步！但接下来的路，我们仍要前进，也许你对离开的最亲爱的人有许多的不舍，你仍需要跟他们做一个告别。告别的方式有许多，你可以在信纸上写上满满的心里话，折成小船随着河流带给你遥远的最思念的亲人；你也可以将写好的信折成纸鹤埋在土里，甚至可以放飞一个或多个气球，让它飞向天空，飞到你最思念的亲人那里，告诉他们你所想的一切。

虽然与最亲爱的人做了告别，但往日他们对你的期望，你仍记在心里。那些熟悉的话语是不是还记忆犹新："孩子，你要……爸妈希望你……"带着这些期望，请你写下你将作出什么样的保证来实现他们对你的期望。你可以慎重地写在纸上，写完后，将它交给你信任的人，请他做你的"保证"的监督人。带着这些"保证"，我们要重新开始，重新好好学习，重新好好生活，重新过好每一天！

四、如果你是 16～18 岁的孩子

孩子，对于灾难和死亡，你已经有了一定的认识。对于突然失去父母，你可能会表现出震惊、脆弱、自责、痛苦等。

孩子，你可以尝试做以下的事情：

1. 接纳负性情绪

孩子，要是你还沉浸在深深的自责中，那么我想跟你说：我们不是万能的，我们仅是十多岁的孩子，面对这种残酷的自然灾害，我们的能力有限，对自己宽容些吧，原谅自己许多的“不该”或“本应该”。况且我们也受伤了，还伤得这么深、这么重，我们会难过、会懊悔、会痛心，不要去抑制、否认或掩饰这些负性情绪，更不要责备自己，对自己生气。要坦然地承认并且接纳自己的负性情绪，不论它是难过、懊悔、痛心，还是沮丧、愤怒、焦虑。

其实，这些都是正常的反应。另外，多给自己一些疗伤的时间吧，伤口的愈合总是需要一些时间的，相信你会慢慢好起来的！

2. 放松自己

放松自己的方式有很多，比如呼吸法、冥想法和肌肉松弛法。呼吸法：首先让自己舒服地坐在椅子上，然后，双眼微闭，排除杂念，集中意念，进行腹式呼吸，通过鼻孔慢慢地将空气吸入，使腹部膨胀起来，待气吸足后，再缓缓地用鼻和嘴同时呼出。呼吸法可以缓解焦虑的情绪。冥想法：找一个较安静的地方，坐着或者站着回忆过去发生的一件最愉快的事，想得越具体、生动、形象越好。肌肉松弛法：首先选择一个舒服的姿势坐好，双脚着地，与肩同宽，排除杂念，集中意念，然后下达指令，按照头部—颈部—肩部—胸部—背部—双臂—腰部—腹部—下肢的顺序逐步放松。肌肉放松法熟练掌握以后，可以在几分钟内让自己放松。

不过，学习上述这些放松的方法最好能有专业人员进行指导，所以，希望孩子们最好能找到心理援助的志愿者帮助你们学习这些有用的自我放松方法。

3. 行动起来

当一个人遭遇巨大灾难时，通常会忘记自己曾经拥有的快乐生活，也会忘记自己曾经喜欢的事情。请你尝试写下或画出在灾难之前你最喜欢做的事情。然后，仔细看看你所写下或画出的事情，再从中挑出一些你现在想要做的事情。其实，一个人重要的不只是记得过去自己会做什么，关键是自己仍将继续做这些事情，并且还要学习做其他新的事情。

4. 积极自我暗示

积极的自我暗示可以帮助一个人运用词语去改变思想，使自己有更积极和进取的态度，遇事时能更快地找出解决办法。在我们身边，偶尔会听到类似这样的话："我没有办法"、"我解决不了"，这显示出说话者正陷入困境中。说"我解决不了"的人是一个失败者，而说"我要找出一个解决办法"的人是一个乐观者，也是一个成功者。其实针对的都是同一情况，心态不同便会出现不同的语言，而改变语言便可以使心态改变。孩子，请你多学习把句子中的"不"、"没有"等负面的词语删除，改用积极正面的词语。尝试用一句积极正面的词语去代替负面的词语，也就是用突破的话语去代替困境的话语，好吗？例如：

困境的话语	突破的话语
1. "我不要没有人理睬我。"	"我会去交些新朋友。" "我要和很多人沟通。"
2. "这问题没法解决。"	"这问题需要一个新的思考角度。" "我们有一个新挑战。"
3. "从来没有想过。"	"这事有新的发展可能。" "是该去想一想了。"
4. "以前从未有人做过。"	"我们有做第一个的机会。" "应该怎样开始？"
5. "以前试过，都不成功。"	"从前的经验给了我们什么教训？" "我们需要找个新的做法。"
6. "我没有信心。"	"其中什么事情我不能控制？" "怎样可以提高自己的能力？"
7. "这事情太复杂了。"	"找一个新的角度去看它。" "把它拆细去做处理。"

（续上表）

困境的话语	突破的话语
8. “时间不够。”	“有些事情的重要性需要检讨。” “如何才能提高效率？”
9. “我不知道应该做些什么。”	“我的需要便是我的目标。” “有谁可以给我意见。”
10. “我觉得很无奈。”	“我要找出新的选择。” “怎样可以造成突破？”

尽量在说话时使用积极的词语，日子久了，你会发觉自己变得更积极、更有效率、更开朗了。事实上，看看身边的人，那些遇事顺利、成功的人说话多用积极正面的词语，而那些失意灰心的人说话多充满负面词语。

【读读他 / 她的故事】

在 1995 年的阪神大地震中，雅树成了孤儿，那年他年仅 8 岁。成为孤儿的雅树和哥哥由树被祖父母收养。那时，这个懵懂的小孩还不清楚失去父母意味着什么。“即使看到父母的遗体，也不相信他们已经死了。别人都在骗我说，过些时候，健康的父母还会出现在我面前。”

地震三年后的某一天，当雅树突然意识到父母真的再也不会回来时，仿佛一夜间长大了。“我哭了整整一个晚上……爷爷奶奶不是父母，所以不能再撒娇了，也不想再给他们添麻烦了。我一边想，一边又很希望他们来关心我。好像有两个我一样，一个努力奋斗，另一个渴望撒娇，渴望有人疼爱。”虽然有哥哥陪伴，但雅树依然经常感到孤独。“我尽量多和朋友在一起，因为一个人的时候就会忧郁和孤独。难过的时候就和朋友说，我很感激他们能听我讲述。”雅树回忆说。

1999 年，日本长腿叔叔育英会专门为地震孤儿建了“彩虹之家”。在那里，不仅让孤儿一起交流，还提供食宿，并从高中开始给这些孤儿提供奖学金。那年，雅树也搬了进去。在“彩虹之家”，雅树度过了人生最孤独的时光。

虽然 13 年过去了，现在他回忆起当初的情形，依然历历在目。“那时我和哥哥、爷爷奶奶睡在二楼，父母在一楼。地震来了，一楼坍塌，父母被压在了下面。”

日本地震孤儿与汶川对话：不能总对孩子说加油
http://bbs.263.com/258987/ShowPost.aspx

【我的心里话】

在残酷的自然灾害面前，你们永远失去了最亲的人，你们的恐惧、难过、气愤都是正常的反应。即使你们带着痛苦，仍会前进，对吧？就像有句话说的：时间是最好的疗伤方法。我相信你们一定会度过人生中这段最艰苦的时期！

【“心”留言】

第二节　让我握紧你的小手
——老师应怎么帮助失去双亲的孩子

孩子对他们身边的安全世界所遭受的破坏会显得特别敏感，表现也极为脆弱，他们通常期待身边亲近的大人能给予他们积极和适当的安慰。在孩子失去父母的沉重打击下，老师作为陪伴和引导孩子成长的重要人物，对孩子心理创伤的修复和人格的健康发展，可以起到非常大的促进作用。不同年龄段的孩子，面对重大的丧失，有不同的认知、情感和行为反应，我们建议老师根据不同年龄段孩子心理发展的特点，有针对性地开展工作，用心呵护孩子的心灵。

一、老师应如何对待失去双亲的 3 ~ 5 岁的孩子

研究表明，在学龄前儿童和学龄儿童之间出现的行为和心理问题的迹象

和症状是不同的。年龄较大的儿童有“死亡”的永久性概念，他们比小的儿童有更多的焦虑、抑郁和躯体症状。年龄较小的儿童也对丧失有深刻的反应，并且他们可能表现出悲伤、愤怒、哭闹、自责和内疚感、躯体化以及分离焦虑症状。但是，有时他们的悲痛是隐匿的，以致照顾者认为他们没有受到丧失的影响。不管孩子由于丧失引起的反应是外显的、明显的，还是隐匿的、不明显的，都需要成人给予充分的关注和支持。作为老师，应该从以下几个方面开展工作。

1. 给予保证

在重大的丧失期间，经历父母死亡的孩子可能会一遍又一遍地提出有关丧失的同样的问题，不是为了获得真实的信息，而是为了得到保证，如成年人的说法是一致的，故事没有改变，处于悲痛之中的成人和儿童是安全的，等等。儿童需要一遍又一遍地从真正关心他们的成人那里听到简单的、真实的、令他们放心的话语。

老师需要耐心地对待孩子，需要不厌其烦地回答他们的问题，并且向他们保证会照顾和保护他们，他们是安全的，等等。反复向孩子表明，老师会在他们身边，会一直陪伴他们，会做一切事情来维护他们的安全；让孩子确信，即使发生什么糟糕的事，他们也总会得到照顾。

2. 告诉孩子真实的情况

人们通常认为向孩子隐瞒死亡和丧失的真实情况是对他们的一种保护。但是有研究表明，如果真实地、积极地告诉儿童真实的情况，他们将对丧失做更健康的调节。就算成人可能认为年龄小的儿童“不懂”或者表现得“不关心”、“不理解”等，也应该让儿童参加一定程度的悼念活动，并且这些哀悼活动应是有步骤的和适合儿童心理发展的。

3. 表达情绪——以绘画的形式来表达地震后的感受

对儿童而言，绘画是一种独特而有效的表达方式。在使用绘画表达地震后的感受时，可以采用单独完成和团体完成两种方式。

单独完成：在绘画中，可以让小朋友画出地震发生的当时他在做什么，看到了什么，他的心情怎样，现在的心情如何，最想念谁，用画笔把这些情景和人物都画出来。

团体完成：可以让同龄的孩子一起完成一幅画，例如可以让孩子们一起画出他们想要的房子或者家的样子。

4. 使用玩具和道具进行角色扮演

使用玩具和道具让小朋友重新演出他们所经历的灾难事件，有助于儿童整合自己的经验，可用消防车、救护车、救护人员等人物玩偶、积木等作为道具。

5. 耐心倾听孩子的需要

由于年龄太小，这个年龄段的孩子不能表达自己的情感，他们需要老师给予充分的关注和爱。特别是当他们说到相关话题的时候，老师要耐心而敏感地倾听，判断孩子试图表达的情绪，给予适当的抚慰和回应。地震灾害、失去父母的沉重打击对于有些年龄非常小的孩子来说，影响是内隐的，不容易从表面上分辨出来，但不代表伤害不存在，只是孩子受伤害的表现形式和成人不同。老师要充分关爱这些孩子，对他们表现出来的一些变化给予理解并耐心疏导，必要时还要跟孩子的照料者尽心沟通，了解情况，与孩子的照料者一起努力，守护和促进孩子心理的正常健康发展。

二、老师应如何对待失去双亲的 6 ~ 10 岁的孩子

6 ~ 10 岁的孩子虽已能表达他们的体验与感受，但他们往往缺乏具体且完整陈述的能力。在经历重大丧失以后，有些儿童会有诸如好斗、逆反、易激惹、好出风头以获得关心、饮食改变或进食困难以及睡眠障碍等外显的表现，而有些儿童则有抑郁、内疚、无精打采等比较不明显的表现。老师可以做以下一些方面的引导。

1. 认识你的情绪——以寓言故事的形式消除对地震的恐惧

老师可以通过讲述下面一则寓言故事来缓解孩子由于地震而引起的泛化的恐惧：

有一只兔子在睡梦中被树上掉落的果子惊醒，大喊着："灾难来了！大灾难来了！世界末日到了！"森林里的动物在一片惊恐声中奔跑，将它的话不断地传开来，结果所有的动物都开始惊恐逃难。这时，一位智者来到森林，逐一追问他们从哪里听来"世界末日到了"。终于追问到兔子，智者问：

"你怎么知道大灾难来了，世界末日到了？"

"我在睡觉时，听到'砰'的一声，我非常惊恐，以为世界末日到了。"

"你能带我去看看吗？"

于是兔子带领智者去看个究竟，结果却发现原来是树上掉下一个果子。于是，平复了一场恐惧的逃难。

强烈的惧怕总是夹杂着消极和不安的臆测。如果老师能在大地震之后，带领儿童理清恐惧，认清现实，就能使理性发挥功能，而不会陷入无谓的焦虑。

2. 演出情景剧或木偶剧

协助小朋友以短剧或木偶剧的方式，再现灾难的情境以及自己和其他人的表现，并鼓励小朋友表达对灾难中发生的事情的感受，包括恐惧、担忧、惊慌等；也可以以木偶代表他们最思念的人，让孩子们对木偶说出最想说的话，从而表达他们内在的情感。

3. 重现和整合记忆

学生可以通过作画、写作、叙述的方式呈现他们的记忆，老师可以引导他们回答以下问题：

（1）地震后发生了什么事？

（2）灾难发生期间或发生后，你如何帮助你的家人？

（3）这场灾难发生过后，你从中学到了什么？

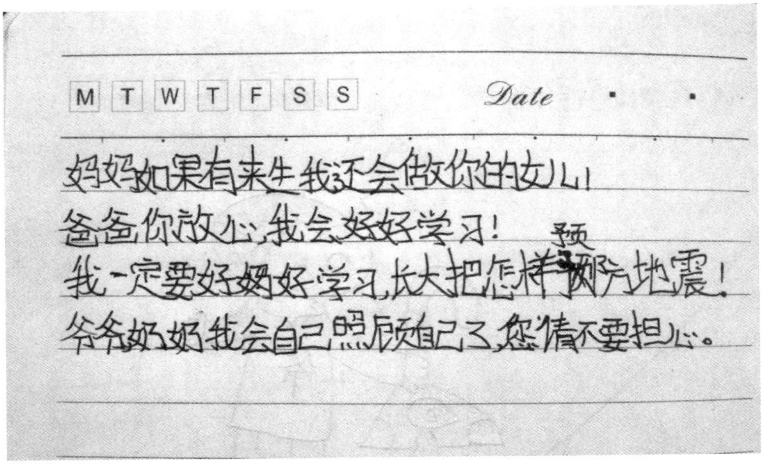

通过团体讨论的方式帮助孩子理清情绪，并且以促进安全感、控制感及对未来有准备等正面感受结束，例如：

（1）感觉与家人、朋友更亲近。

（2）认识新朋友或认识照顾他们的大人。

（3）学到新技能或获得责任感、力量、控制感。

4. 开展团体辅导

可以选择适合儿童的比较简单易懂的团体游戏在活动课上开展，团体游戏的目的不单在游戏本身，更重要的是通过游戏建立一个儿童之间相互信任的团体。团体游戏的参与者可以分为两种情况：① 均为因为地震失去父母的孩子；② 一部分是失去父母的孩子，另一部分是可能有其他损失但是父母健在的孩子。在心理学上，前者我们称其为同质团体，后者称其为异质团体。团体的性质不同，开展团体心理辅导（游戏）的方法也有所区别。

同质团体的团体辅导要包含经验分享的环节，由于孩子们有类似的或相同的经历，他们更容易相互理解，也更能够从别人的经验中进行自我反思。与之类似的一种方法就是建立丧亲儿童小组，Medvene（1991）建议可以通过加入丧亲儿童小组来减轻丧失父母亲所带来的心理压力。在悲痛的儿童中建立一种团体感，让他们一起感受、回忆、想象、描绘以及思考有关死亡的体验。

在异质团体的团体活动过程中，老师要加以引导，促进孩子之间形成互相帮助、友爱温暖的支持性的关系。孩子们通过实际行动支持对方特别是受灾影响最严重的孩子，有助于信任关系的建立。

三、老师应如何对待失去双亲的11～15 岁的孩子

对于失去双亲的 11～15 岁的孩子，以下是一些可以帮助他们的方法：

1. 提供给孩子宣泄焦虑的渠道

（1）鼓励孩子画出他们害怕的东西，也鼓励他们画出美好的东西，并让他们讲述图画中的故事；老师对他们的表达要给予充分的鼓励。

（2）引导孩子力所能及地帮助他人，例如捐出几元零花钱给红十字会等。

（3）写信或写日记。和绘画一样，给逝者写信这一方法，能帮助失去父母的孩子表达他们对父母的思念。

2. 认知重建

这一方法的原理是：我们的想法会影响我们的感觉，特别是那些不断出现在我们心头却隐藏着的思想和想法。老师可以通过认知重建的方法提出儿童的一些不合理认知，并且帮助他们减少因不合理认知而引起的情绪问题。例如，“不会再有人爱我了”就是一种当时根本不能被证实的非理性想法。下面是一个通过认知重建减少不必要的担心和恐惧的活动。

（1）教师引言：教师用平静的话语，简单介绍这次大地震的情况、造成的损害和伤亡，并列举一个体现温馨、机智、勇敢的故事作对比。

（2）引发儿童说出心中的惧怕，例如：“小朋友！你在大地震时看到、听到、感受到什么？最害怕的是什么？”老师可以简短地说一下自己惊慌失措、害怕时的情形和余悸，引导孩子说出害怕什么，并请注意以下情况：

① 把孩子惧怕的原因或想法，逐项写在黑板上。

② 逐项讨论它是否合理，是否符合现实；不符合的打“×”，符合的打“○”。

③ 引导孩子认清惧怕是消极的想法而非现实，因为现实是可以努力改善的。

④ 对于合理惧怕的事项，应讨论如何克服它及如何预防它。

（3）整理同学们交谈的结论：区分值得害怕和不值得害怕的事；值得害怕的事要如何预防，才不会发生危险。带领孩子制订行动方案：如何做好预防措施，或如何帮助家人重建家园。

缓解情绪压力的活动目的在于引导孩子缓解惧怕的心结，它的要领是从发觉到宣泄；从讨论惧怕事件中认清哪些值得担心、哪些不值得，并启发孩子思考解决问题的方法，采取预防和安全措施，从而把惧怕转移到积极行动上来。

3. 开展团体活动

在团体活动中多给予孩子身体的拥抱与接触，或提供包含肢体接触的团体游戏，如“盲人走路”。“盲人走路”是一个训练合作能力以及建立信任感的游戏。

游戏准备：蒙眼的布条或帽子，各种障碍物（书包、课桌、椅子、其他人等）搭建起来的“障碍之路”。

游戏过程：每组两人，一人当向导，一人当“盲人”（用布条或帽子蒙眼），向导扶着“盲人”的手，告诉他应该怎么走，怎么抬脚，怎么拐弯，等等。通过全部障碍之后，穿过道具搭建的“胜利之门”到达终点。之后，二人调换角色，原来做“盲人”的现在改做向导，做向导的改做“盲人”，再次相伴通过障碍，回到原地，一轮活动结束。可以多玩几轮，让每个孩子都有当向导和“盲人”的机会。每一轮结束之后，老师都要让做向导和“盲人”的同学谈谈自己最大的感受。

启发引导：当个人（“盲人”）感到无助时，最需要他人（向导）的帮助；而我们也需要充分相信别人，相信别人会在我们最困难的时候伸出援助之手。同样，当他们遇到困难时，我们也要伸出友谊之手，帮助他们克服前进中的障碍，在人生路上走得更好！

四、老师应如何对待失去双亲的16~18岁的孩子

此阶段的学生大都已能充分表达他们的经验与反应，处于同伴认同的阶段，他们往往最关心的是别人的看法，同时也认为自己已是个大人。老师可以从以下几方面考虑和安排工作。

1. 用心倾听他的心声

（1）找个合适的时间、地点，让他能安全、自在地表达震灾后的内心感觉。

（2）借着目光的注视与恰当的姿势、动作表达出你愿意听他说话。

（3）要有耐心，给他足够时间倾诉，不要打断他的话，让他体会到你的全心接纳。

（4）适当地问他一些简短的问题，可以帮助你进一步了解他的问题或想法。

在提问的时候尽量使用开放式问句，例如：“可以多告诉我一些……方面的事情吗？”“你可以说说你是怎样看的？”“你觉得对你来说最困难的是什么？”……在谈话的时候尽量引导他说，老师要多听少说，说的时候少用教导性的语言，也不要过多地说“你要坚强”、“不要哭”一类的话。

在跟这些孩子谈话的时候，要注意对方言语信息和非言语信息（例如眼神、声调及肢体动作等）的表达，读懂孩子的情感。可以跟孩子谈他失去家

人的感觉，也可以跟他一起回忆去世的爸爸妈妈，回忆以前跟爸爸妈妈在一起时的经历，表达自己对父母的情感。

2. 开展团体辅导

（1）针对失去父母的青少年，可讨论关于父母的主题，先让其补充未完成的句子。例如：

① 当我想起爸爸（妈妈）时，我……

② 我希望爸爸妈妈……

③ 爸爸妈妈认为我是……

可以用这种方法来开启谈话主题，引发青少年做更多的表达。

（2）通过绘画来表达。

让青少年通过文字结合绘画来表达自己的情感，可以使用主题绘画形式，老师给出一个确定的主题，如“我的家庭”或“未来的家”等。就像写信，绘画可以反映一个人对逝者的感觉和思念，对失去父母的孩子或成人都同样有效。

（3）空椅子法。

角色扮演是心理治疗中的一个方法，老师在开展团体辅导时也可以灵活运用，其中一种技术就是空椅子法。简单地说，就是以一把空椅子来代表一个关键的对象，可以是父母也可以是其他任何人。团体活动时，在团体的中央放置一张空椅子，如果想以父母为团体讨论的焦点，空椅子就代表父母；如果想以愤怒或内疚等情绪为团体讨论的焦点，这个空椅子就代表那个令其感到愤怒或内疚的对象。

当青少年坐在自己的位置上时就用自己的口气说话，如果坐在对面的空椅子上就要用椅子所代表的对象的口气说话，也就是扮演这个对象来与自己沟通。通过扮演父母或者其他人的角色，青少年能够更加清楚地意识到对方所处的立场，更加理解对方，认识到彼此的问题，也更能够疏通和重新建构与对方的关系。

3. 写信或写日记

可要求生者写信给逝者，表达生者的思想和情感，通过说出他们想要告诉去世的爸爸妈妈的话，帮助他们处理未竟之事。可以把这些悲伤的书信保存下来。

每天写日记对学生来说也是一种很有效的情绪宣泄方式。从未写过日记的学生可能会觉得同时使用文字和图画来表达更加容易。日记可以在短时间内完成，每天花 10 分钟即可。日记可以有许多种形式：学生自己写给自己看的，或是师生之间的交流。如果作为交流，需要老师回答学生日记上的问题时，则请尽量使用开放式的问句。

4. 让孩子有机会对失去的亲人表达心意

可以让他们祈祷、拜祭或参加亲人的丧礼，并告诉他们丧礼的过程与意义。通过哀悼活动表达对逝者的哀思，从某种程度上来说是一个必不可少的环节。如果回避这样的场面或活动，不去面对或解决心理冲突，可能会对青少年的心理发展带来很大问题，成为成年以后心理疾病的根源。

5. 密切关注自杀倾向

任何生命的危机都可能造成自杀，任何人，不论是成人还是孩子，只要他们感觉到被危机情境击垮，就应该被视为有高度自杀危险的人群。许多研究专家指出，不论是在成人还是在孩童时期，失去父母和自杀行为都有关联。同时，在青春期这一年龄阶段，自杀位于死因的第三位（排在意外及遭杀害之后）。所以，老师在关怀震后失去双亲的青少年的同时，要密切关注孩子在心理上和行为上的变化，及时预防自杀行为。

研究者认为，青少年在自杀之前有如下一些危险警示：

（1）沟通。

① 在校内发表的文章、诗词、日记、期刊、艺术作品中有关于自杀的内容；专注于与死亡、死后世界等有关的主题。

② 与课程内容无关的关于自杀的问题的讨论。

（2）警告的行为。

① 威胁要自杀。

② 无法控制冲动。

③ 暴躁。

④ 有可用的致命方式。

⑤ 之前曾经有过自杀行为、自杀意图。

⑥ 出现结束性行为，如撰写遗嘱、分送有价值的财物、为死亡做准备。

⑦ 突然的行为改变，如做不符合其原本性格的事情，情绪不稳定等。

【我的心里话】

建议老师不要做的事情：

（1）不要刻意回避和孩子讨论死亡或当作事情没有发生。不要回避告知他事实，甚至扭曲真相。例如，转移话题或说："妈妈在别的地方。"

（2）不要立即将孩子送走，或强迫他进入新的环境。如果孩子没有机会处理心中的伤痛，就被抛进新的生活（如寄养家庭、孤儿院）中，将会在他的心中留下极大的阴影。

（3）不要一味地要求孩子勇敢、坚强。有时悲伤哭泣是必要的，这时，告诉他们"你可以尽量哭"会比告诉他们"不要哭"来得更好。

（4）不要对死亡作不适当的解释。

妈妈出远门去旅行了——这会让孩子觉得妈妈是不告而别的，尤其当他等不到妈妈回来时，会更加悲伤。

死去就像睡着一样——有时孩子会害怕自己也在睡梦中死去。

（5）不要禁止孩子谈论有关灾难的话题或重述当时的回忆；相反，孩子可以通过这样的方式来降低他们的焦虑。

【"心"留言】

第三节　手牵手，我们和你在一起
——小伙伴和同学们应怎么做

一、如何对待因地震失去双亲的3～5岁的小伙伴

1. 倾听与支持

小朋友们，如果你发现身边的小伙伴失去了父母，你会帮助这个小伙伴吗？我知道你是愿意的！那么我们首先要做的就是多陪在这个小伙伴的身边，多跟他说话。要是他也愿意跟你说话，你就多听他说，陪他一起难过、一起哭泣。告诉他，你愿意做他的好朋友，你想多陪在他的身边，和他一起分担痛苦，和他一起分享秘密。你可以多握握他的手，给他你的力量、你的支持。我相信你会做到的！

2. 让我们一起玩游戏

小朋友们，当我们看到失去父母的小伙伴孤单时，我们要伸出友爱之手，陪他一起度过这段艰难的日子。伤心、难过的时候，我们都会希望有人陪在身边，陪我们一起玩耍，对吧？所以当其他小伙伴需要我们时，我们也是乐意陪着他们，并和他们一起玩游戏的。

3. 让我们一起画画

小朋友们，你们可以陪失去双亲的 3 ~ 5 岁的小伙伴在一张纸上涂鸦，鼓励他们尽情地用双手涂鸦；可以一起画线，用不同的线代表不同的意义，如心情很差，想念父母，不愿说话，等等；还可以一起画图，画自己、画父母、画老师、画心中最想念的人，画自己害怕、哭泣、开心时的样子，画自己最开心、最怀念的一天，画自己最难过、最糟糕的一天，等等。

二、如何对待因地震失去双亲的 6 ~ 10 岁的小伙伴

1. 让我们一起画“灾难”

小朋友们，在我们帮助身边失去父母的其他小伙伴，特别是一些不太愿意说话的小伙伴时，我们可以真诚地邀请他们加入我们的画画行列中，把我们想到的画下来，不用讲话。大家都在一张纸上画出自己所记得的灾难是什么样子，或灾难让你想起了什么，或灾难中你失去了什么，你最想念的是什么……

2. 讲故事

小朋友们，不妨将你听过的或从书上看到的故事或笑话讲给你身边失去父母的小伙伴听，通过讲故事或讲笑话的方式多与他们交流，陪他们度过孤单、难过的日子，相信他们很需要你的帮助；而你的帮助对他们来说，也是很重要的。例如，可以讲“波斯太子起死回生”的故事给小伙伴听。

3. 让我们一起玩游戏

在玩这个游戏前，请先准备好纸、铅笔、空盒子或其他容器。游戏开始时，请大家先在纸上写出自己最近感到很烦恼的一件事情或一个问题，不用写姓名，然后把纸揉成一团，丢进一个盒子或容器内。

　　大家都把纸团丢进容器后，先请其中一位小朋友从容器中拣起一个纸团，再将这个纸团扔给其他任意一位小朋友，接到纸团的小朋友就将纸团展开，大声读出上面写的问题。由接到纸团的人和他旁边的两个人组成一个三人小组，三个人用约 30 秒的时间来商量对策，想出解决这个问题的方法。同时请其他人在这段时间写下两到三个答案或应对方法。

　　三人商量好或其他人写好后，就先请三人小组说出他们的答案，再请其他可以提供帮助的人说出答案。以此类推，另一个小朋友去拣起另一张纸团，然后再说出想到的办法。直到所有的纸团都被拣起来，并给出答案，游戏就结束了。

三、如何对待因地震失去双亲的 11 ~ 15 岁的同学

1. 安静地陪伴

　　在别人很伤心、很难过的时候，不需要你问他为什么，也不需要你说很多话，有时候你什么也不说，只是静静地坐在他身旁，安静地陪伴他，对对方来说也是一种无言的支持和安慰。因为你用行动告诉他：“你不是一个人，还有我和你在一起。”

2. 一起学习、一起玩耍

你可以利用课外时间多陪这些同学做些事情，小到上学、放学结伴一起走，课间休息时陪他们聊天，找他们一同打水、上厕所，大到一起参加集体活动，一起复习准备考试，等等，你可以做的事情很多很多。你的支持对他们来说很重要！

3. 主动关心

在遇到人生中重大困难和挫折的时候，每个人都会感到自己一个人力量的渺小，感到生命的脆弱、不堪一击，都会有很强烈的无助感。这时，别人善意的帮助和关心会起到安抚心灵的作用，别人伸出的援助之手会让他重新看到希望，增强信心。所以，如果你的身边有这样的同学，一定要记得带着一颗真诚的心，多主动关心他、帮助他。哪怕是微不足道的小事，对方也可以感受到你的真心，会感到一丝暖意。我们在关心别人的时候，不要带着想要回报的心理，因为困境中的同学并不会很快地回应你，我们要做的是就算没有回报也要尽我们关爱的心，真诚地去帮助他们。

4．做一个好听众，耐心倾听他们的心声

请同学们想一想，你是一个合格的听众吗？是不是听着听着就会想说自己的事情？是不是听得多了就不耐烦、不想听了呢？如果想要关心、帮助在地震中失去亲人的同学，你就要学习如何耐心地倾听。虽然大家共同经历了地震，但是每个人的感受都不一样，而且受灾越重的同学，他们一定有越多的情绪需要宣泄，越多的回忆需要有人倾听。所以我们要做这样的听众，听他们的经历、他们的见闻，听他们回忆和爸爸妈妈在一起的美好时光，安慰哭泣的他们，拥抱害怕的他们……当你这样做的时候，你的同学会觉得跟你这样一个朋友聊完后心情好多了！

四、如何对待因地震失去双亲的16~18岁的同学

1. 多陪伴，多倾听

在你不知道该做什么的时候就仅仅陪着他，在你不知道该说什么的时候

就仅仅听他说。说“难受就哭出来吧”比“别哭，要坚强”要好得多，对对方来说感觉也会好得多。同样，说“我们跟你在一起”比“一切都会好起来的”要好得多。想安慰对方的时候，不要说那些大而空的话，也不要简单地说“我理解”。因为他的痛苦和绝望感不是你可以体会的，毕竟你没有跟他完全一样的经历。作为同学，最重要的就是陪伴，让他觉得他不是一个人，还有许多人愿意在他身边陪着他。

2. 从细微的事情做起

细节同样可以体现真心，我们有时候默默地做一些小事，敏感的同学是可以感受到的。劳累时的一杯热水，雨天的一把伞，哭泣时的一张纸巾，生日时的一张爱心卡片……我们能做的事情有许多许多。对同学的关心就是体现在这一点一滴上，并不需要多说，你是在用行动告诉他：“我跟你在一起，你并不孤单，我支持着你。”

3. 不是一时的热情，而是持续的关注

对那些失去父母的同学来说，短期内社会各界的帮助可能会有很多很多，这个时期内他们并不缺少关注。但是从长期来说，失去了亲爱的父母，独自生活的现实才刚刚开始，他们更需要持续的关怀和关注。而且这种重大的丧失对心理上的影响短期内还不能表现出来。研究表明，6~12 个月以后，青少年会表现出最严重的由于丧失引起的躯体和心理症状，而这种悲痛会持续 3 年甚至更长的时间。所以这些同学在更长的时期内会遇到越来越多的困难，许多从来没有经历过的困难。我们作为每天都在他们身边的同学，需要细心地注意他们心情的变化，多跟他们聊天，谈谈彼此的心事，在困难的时候给予帮助和支持。如果你觉得这些困难自己也解决不了，对于严重的情况，如同学情绪极度低落或者有自杀倾向等，一定要跟老师或心理援助志愿者报告，寻求专业帮助。

4. 学习上互相帮助

高中阶段学习任务很重，因此专心学习对每个同学来说都是非常重要的，对那些因地震失去父母的同学来说也毫不例外。面对沉重的精神打击，他们的心理压力会更大、更重，势必会对学习产生较大的影响。作为同学，特别是成绩较好的同学，要想办法多帮助这些困难中的同学，与他们多探讨学习方法和科目上具体的问题，多交流学习经验，共同复习备考，帮助他们能够更安心、更有步骤地学习。在学习上走上正轨也非常有助于他们其他心理方面的康复。

5. 多给他们体验成功的机会及真诚的赞美和鼓励

困难中的同学们不但需要别人的帮助，也需要通过帮助别人或者体验成功来增强自己的力量，增强自信心、自尊心。所以我们不要一味地把他们当作弱者给予帮助，而要把他们看成是集体中的平常一员，有问题也请教他们，有困难也寻求他们的帮助，并且多夸赞和认可他们。真诚地赞美别人本来就是人际关系中的润滑剂，所以多认可别人不但能使对方增强自信心，也能增进你们之间的友谊，何乐而不为呢?

【我的心里话】

真正的朋友在你困难和需要关心的时候都会在你身边，即使是给你一句关心的话、一个鼓励的眼神。所以在很难受的时候，请紧握他们的手!

【“心”留言】

____

____

____

____

第四节　孩子，我们都是你的亲人

——心理志愿者应如何对待因地震失去父母的孩子

因为地震灾害失去父母、成为孤儿的儿童是受创伤最重的群体之一，是心理干预的重点关注对象。少年儿童正处在心理、生理成长发展时期，重大的灾难性事件及其带来的创伤性后果如果没有得到及时的、得当的处理，会对其心理正常发展造成障碍，后期的干预将更加困难。那么，心理救助者应当如何对待这些孩子？又应当如何帮助年幼的他们面对和度过这段人生中异常艰难的时期呢？下面我们针对不同年龄段的孩子来介绍心理志愿者应当使用的基本技术技巧、干预的基本态度、主张采取的具体的处理方法以及注意要点。

一、心理志愿者应如何对待失去双亲的 1～5 岁的孩子

对于 1～5 岁的幼儿来说，爸爸妈妈在他们的生活中扮演着极为重要的角色，他们在许多方面需要父母的照顾，这个年龄段的孩子也特别容易因为日常生活与环境的变动而受到伤害。而与最初照顾者的分离，对他们所造成的影响更为严重。由于年幼，这个年龄段的孩子没有发展出成熟的心智、语言表达和情绪方面的能力。心理志愿者需要在以下方面开展工作：

1. 准确识别创伤症状，快速评估创伤的性质、程度和后果

心理辅导人员首先需要接触这些孩子，通过与孩子直接对话以及询问照料者关于这个孩子的情况，特别是地震以后才出现或者加重的一些心理、躯体症状表现和行为变化，准确识别其创伤症状并评估所受创伤的性质、严重程度和后果。这是进行心理辅导的基础。

一般来说，因为丧失和分离而造成的 1～5 岁幼儿的心理和行为异常有如下表现：

（1）哭闹、情绪不稳定。

（2）睡眠障碍。5 岁以下的儿童常见以下两种情况：一是入睡困难，指儿童在临睡时不愿上床睡觉，即使躺在床上，也不容易入睡，在床上不停地翻身，或反复地要求别人给他讲故事，直到很晚才能勉强入睡。二是梦魇，指从噩梦中惊醒，能生动地回忆梦里的内容，使孩子处于极度紧张、焦虑状态的一种睡眠障碍。多发生在后半夜，多见于学龄前儿童。

（3）选择性缄默症。它是指已获得语言能力的孩子，因为精神因素的影响，在某些特定场合保持沉默不语。如在学校里不讲话，但在家里讲话。这种心理问题多在 3～5 岁时发病。

（4）退缩行为。它是指胆小、害羞、孤独，不敢到陌生环境中去，不愿意与小朋友们玩的行为。这类儿童对新事物不感兴趣，缺乏好奇心。

（5）分离性焦虑。它是指6岁以下的儿童在与家人，尤其是母亲分离时出现的极度焦虑反应。

（6）神经性尿频。它是指每天的排尿次数明显增加，但尿量不增加、尿常规正常的一种心理疾病。排尿次数可以从正常的6~8次增加到20~30次，甚至每小时十多次，每次排尿很少，有时仅几滴。以4~5岁的儿童为多见。

（7）神经性呕吐。它是指一种反复的餐后呕吐，但不影响食欲、体重的心理疾病。常常具有癔症性格，自我中心，暗示性强，往往在明显的心理因素作用下发病，以女孩为多见。

（8）自闭。虽然没有达到儿童自闭症的诊断标准，但可能出现某些自闭的表现，例如以下一些行为表现：

① 不能与其他孩子建立伙伴关系。

② 遇到挫折时，不会寻求支持和安慰。当别人遇到挫折时，也不会主动给予别人支持和安慰。

③ 不能对集体的欢乐产生共鸣。

④ 缺乏主动的或持续的言语交流。

⑤ 刻板重复地使用某些词语。

⑥ 兴趣刻板、狭窄。

⑦ 对某种东西特别依恋。

（9）否认。

虽然地震夺去了这些孩子的父亲或母亲，但是有些孩子并不会表现出悲伤，他们甚至看起来笑嘻嘻的，依然和小朋友们玩耍，因为他们并不认为父母已经去世了，而是很坚定地认为爸爸妈妈还会来接他们。就算有人告诉他们真相，他们也不会相信。这种否认可能会持续3年甚至更长时间。

2. 心理志愿者应对的基本态度和理念

在对5岁以下的幼儿进行心理干预时一定要有耐心，孩子由于年龄小，在言语表达上会比较困难，有些可能根本不会说话或者只会说一两个字。志愿者要带着一颗爱心仔细倾听孩子的心声，仔细观察孩子的非言语行为，如眼神、动作、表情等，作出敏感的反应和判断。要注意与孩子建立良好的关系，可以先与他们一起玩，得到孩子的信任和喜爱，在此基础上开展工作。

不可过于急切，态度切不可简单、粗暴。由于辅导对象是失去父母的孤儿，对于某些话题要特别注意，不能轻易揭开孩子幼小心灵上的伤疤，造成二次创伤。

3. 进行心理干预的思路和方法

（1）增加关注。

限于这个年龄段幼儿的心理发展水平，需要多采用肢体接触和增加保证的方式安抚幼儿的情绪。这些都属于增加关注的方面，心理志愿者可以多拥抱孩子，亲吻他们，握住他们的小手等，用肢体的接触让孩子们感受到被关注。由于丧失带来的安全感重大缺失，使孩子们不论有没有语言表达，都会感觉到明显的不安和恐惧、焦虑，需要成年人守护在身边并且对他们一遍又一遍地作出保证，告知他是安全的、大人会保护他，会一直陪伴在他身边。孩子们也会对这些语言和动作作出反应。

（2）善于倾听。

1 ~ 5 岁的孩子最依赖他人的照顾与帮助，在失去父母亲的照顾以后，其他亲人、老师和照护人员必须给予孩子足够的关注与照顾，并且多倾听他们的表达，体察他们的需求。得到老师或照护人员的倾听会让孩子感觉更加安心。

（3）与养护者沟通，改进教养方式。

要十分注意幼儿生活环境的改善，心理志愿者需要跟孩子的照料者沟通，帮助他们改进教养方式，减少对孩子心理上的不良刺激。言语上要多安抚，不能呵斥或恐吓；对孩子的进步要满怀期待，并充满信心，而且要耐心地看待孩子目前的某些问题，给予宽容与支持。

（4）团体活动。

可以选择一些适合幼儿进行的简单的团体心理游戏，对较多的孩子同时开展团体心理辅导。团体辅导有个体辅导不能代替的优点，最大的优点就是通过团体的支持性力量给成员带来很大帮助，辅导者只是起到主持、引导的作用，真正起作用的是团队中成员的相互影响。

通过团体心理辅导的方式引导孩子参加团体活动，可以唤起他们的集体兴趣。例如，在团体心理活动中以情绪抑郁的孩子作为重点辅导对象，其他孩子可以给他帮助或鼓励，使大家成为好朋友，并在日常的生活中一起玩耍。辅导者要根据孩子的特点组织同质的或异质的团体，并设计相应的辅导方案。

二、心理志愿者应如何对待失去双亲的 6～10 岁的孩子

1. 掌握 6～10 岁孩子的心理特点

6～10 岁的孩子，基本性格已经形成，但仍处在个性品质的发展阶段。在记忆力和表达能力上，比 3～5 岁的孩子有了明显的增强，通常可以完整地表述自己的意思，对地震发生时的情景和自己的经历也会有比较清晰的记忆。这个年龄段的孩子对父母亲的记忆已经比较多，感情也比较深刻，无论在情感上还是在生活技能上对父母亲都有很大的依恋、依赖。

2. 地震可能对这类孩子带来哪些心理伤害

这个年龄段的儿童最有可能表现出退化的行为模式，如尿床、吸吮手指、使用玩偶等代偿对象、哭闹、啜泣，以及黏人等。具体可能有以下类型：

（1）儿童抑郁症。

抑郁症是一种以持久的心情低落状态为特征的神经性障碍。目前儿童抑郁症患者主要是 6～12 岁的孩子，主要来源于孩子童年的精神创伤。12 岁以前有重大失亲或失去对自己有重要意义的人是造成儿童抑郁症的主要因素之一。在诊断方面，行为的异常突变就是儿童抑郁症的重要诊断标准，包括如下一些方面：

① 性格突变。当一个外向、乐观的孩子突然变得沉默、自卑、内向、退缩时，或当一个文静、有礼貌的孩子突然变得急躁、容易激动、没礼貌，甚至经常与家长和老师产生对立情绪时，就应考虑患抑郁症的可能。

② 学习突变。当一个一贯成绩优良、勤奋好学的学生突然出现学习困难、注意力和记忆力下降、上课不专心、作业完成困难、成绩急剧下降，甚至自暴自弃时，应考虑患抑郁症的可能。

③ 有情绪低落、兴趣减少、自我评价降低、言语减少、动作迟缓、行为退缩、激惹性增高、容易发脾气、恐惧不安、悲观厌世等表现，甚至产生自杀的意图。

（2）睡眠障碍。

① 夜惊。它是指在睡眠中突然惊醒，瞪眼坐起，惊慌失措，表情痛苦，常伴有哭喊、气急、出汗等症状，多半发生在入睡后 2 小时内，醒后不能回忆。以 5~7 岁的儿童最为常见。

② 睡行症。它是指睡眠中突然睁眼，坐起凝视，下床走动。多半发生在睡后 2 小时内，醒后不能回忆。见于任何年龄的儿童，多见于 5~12 岁的儿童。

③ 入睡困难或做噩梦。儿童一般很少失眠，但重大精神刺激可以导致孩子失眠、噩梦多、睡眠中经常辗转反侧，且持续时间长达数月。

（3）身心疾病。地震以及失去父母的打击可能造成儿童产生多种身心疾病，如遗尿症、抽动症、神经性呕吐等，心理因素起决定性作用。

3. 心理志愿者的基本工作态度

在心理干预工作中，心理志愿者要善于发现需要重点辅导的对象。有些孩子表面上看起来没事，也能进行日常活动和人际交流，但是谈话后才知道其在心理和行为上产生了某些变化。此时，应了解是不是已经有人事先对其进行过心理辅导，效果如何，判断孩子的心理恢复处在什么阶段上，还需要哪些帮助，等等。不能盲目或想当然地开展工作，每一个孩子都是独特的，要以孩子的所想、所感、所做为辅导的中心，与他们建立良好的信任关系，这一点非常重要。

4. 心理干预的具体方法

（1）鼓励情绪表达——说出你的恐惧。

很多受到地震惊吓或刺激的孩子没有得到情绪表达的机会，如果没有一个疏通负面情绪的通道，将会带来一系列的问题，为许多心理疾病埋下隐患。非专业人士在对待地震后儿童的时候，常常会鼓励他们要坚强，不要哭，不要怕，要做勇敢的孩子，等等。这会给孩子一个引导或印象，就是哭泣是不应该的，害怕是不对的，就会使得他们倾向于压抑自己的情绪。负面的情绪没有表达出来，不代表不存在，它会继续发挥影响，并通过其他一些方式表现出来，例如各种身心疾病、神经症等。专业心理志愿者在进行心理干预时要十分注意情绪的表达和疏导，给孩子一个表达自己的恐惧、悲伤、愤怒、厌恶等情绪的正常渠道，鼓励他们把自己的感受都说出来，并认可他们的情绪，给予充分的理解和支持。把郁积的、未表达的、不能得到认可的情绪表达出来，是心理恢复的第一步。

（2）绘画分析—— 一幅画就是一个故事。

学龄前的幼儿在言语表达方面可能有很多的困难，这时有必要采取一些特殊的方法，例如绘画分析。图画是幼儿内心世界的一面镜子，通过图画不仅能判断幼儿的认知结构特点，还可以反映幼儿的关注点，因为他会把自己的经验投射进去并表达自己的情绪、感受和看法，包括无意识的内容。因此对儿童来说，绘画是一种很好的表达方式，也是心理辅导工作的重要切入点。心理志愿者要随身携带水彩笔、油画棒、白纸，在辅导的时候随时拿出来使用。让幼儿在白纸上绘画，最好不要设定主题，随便他画什么都可以。等孩子画完后，要让他解说一下他画的是什么，画里的人物是谁，有没有自己，在做些什么。辅导者要根据他的回答灵活地作一些判断和引导。同时辅导者需要根据图画的构成、比例、颜色、人物特征等线索作一些分析。从画中可以读出以下方面：

① 从画中观察孩子的性格特点。

第一要看孩子怎样画各种形象，第二要看孩子怎样选择颜色。一般来讲，活泼好动的孩子画的形象比较大，比较粗犷，画面比较丰富；内向的孩子通常将形象画得很细致；好斗的孩子画出的形象常带尖刺形状，比如直竖的头发、动物的利爪和锐牙等。心情愉快的孩子爱用鲜艳的色彩，心情忧郁的孩子则常常用黑色、紫色、深绿色、灰色、褐色等，甚至只用其中的一种颜色。画的形象比较稀奇古怪的多具有强烈的独创欲望。在分配比例上，被强调的内容在画中占的地方比较大，从而使其他内容的空间被压缩得很小；由于被强调的内容画得很细致，其他内容相比之下就比较简单；要强调的内容常常同时出现在画中不同的地方，根据这些比例分配也可以看出儿童的关注点是什么。

② 从画中分析孩子自身的经历。

图画是一个载体，儿童把自己的经历和身边朋友的经历无意识地投射在上面，成为很好的心理分析工具。

③ 从画中读懂孩子的想念和寄托。

画中的人物可能是孩子现实生活中比较重要的人，或者他非常想念的人，例如失去的爸爸妈妈、兄弟姐妹或者好朋友等。

④ 以图画作为切入口，鼓励孩子做情绪、情感的宣泄和表达。

在心理辅导中，使用绘画作为切入口更容易引起儿童的兴趣，然后以他的绘画作品为话题也很容易开展谈话，辅导人员要充分利用这些反映孩子内心世界的画来引导孩子做情绪、情感的宣泄。

（3）团体心理辅导——发挥同辈影响力。

除了个体辅导以外，还可以选择一些适合幼儿进行的简单的团体心理游戏，对较多的孩子同时开展团体心理辅导。辅导者要根据孩子们的特点组织同质的或异质的团体，并设计相应的辅导方案。

（4）角色扮演。

针对各种让孩子害怕或感到困难的情境，协助他们进行角色扮演。心理辅导员可以加入角色扮演，或者当辅助角色，或为当事人示范可能出现的新行为。

（5）行为治疗。

行为矫正技术可以灵活地运用在儿童行为塑造和改变上，使用强化技术增强期望行为，如与小伙伴们交往的行为、目光接触的行为；使用负强化技术减弱不良行为，如咬指甲、遗尿、选择性缄默等行为。

三、心理志愿者应如何对待失去双亲的 11~15 岁的孩子

1. 青春期前后的孩子

11~15 岁的孩子跨越小学高年级和整个初中两个阶段，接近或正处于青春期。这一年龄段的孩子在性格上更为稳定，也更有自己的想法。随着青春期的到来，他们在情绪表达上会趋向于内隐，外露性降低，但情绪和行为的冲动性强，也不稳定，在心理发展上是一个比较动荡的时期。在此阶段，同伴关系与团体的影响非常重要。

2. 可能的创伤性反应和表现

（1）情绪抑郁。

这个年龄段的孩子与父母的情感联系非常紧密，丧失父母这一严重创伤对他们的心理发展注定会产生巨大的影响。如果对父母的依赖性不能得到很好的转移，不能将关注目标分散到其他事物上，将会导致明显的并持续很长时间的抑郁或焦虑问题，严重者会有因绝望导致的轻生念头。与情绪抑郁或焦虑相伴的还有一系列生理或心理问题，如睡眠障碍、易感性增强、强迫性思维和动作等。

（2）对学校和楼房恐惧。

不敢再进学校、不敢再到大楼里面等是地震后少年儿童的常见表现，如果不加以心理干预，这些孩子很可能宁愿辍学以回避这种恐惧的感觉，并且很可能形成对特定事物的恐惧症。这种恐惧还可能会泛化到其他与地震有关的事物上。

（3）对摇晃恐惧。

地震后两三年，一遇到摇晃就会觉得恐惧，在黑暗的地方睡不着，这是地震后孤儿普遍的心理状况，表现出地震对心理的严重伤害。

（4）人际交往退缩或攻击行为。

沉默是一个常见的表现，因为地震失去父母的少年儿童可能从此变得性格沉默内向，不愿意开口说话，也不愿意与人交往，不愿意对别人表露内心感受，但自己感觉很孤独，没有人能理解他，从而影响正常的人格发展。而攻击行为增多如躯体攻击行为（尤见于男孩）也可能是青少年儿童抑郁障碍的一个表现。

（5）严重的罪恶感。

有的儿童会认为亲人是为了救自己才牺牲的，从而产生罪恶感，严重的还可能自杀，这些动向要格外注意。有些孩子还会担心朋友的死亡——“地震后，朋友越多，我越感到一种恐惧。如果这些人都先我死去的话，我会很难受。所以还不如自己先死了算了，那样不是更好？没有悲伤和烦恼了。”

3. 心理志愿者进行干预的基本态度

怎样让这个年龄段的孩子认可你，接纳你为朋友，从而愿意与你交流，对心理志愿者来说是最大的困难。心理志愿者要带着双重身份来工作，一方面带着自己拥有的专业知识和专业精神针对相关问题给孩子们做治疗，另一方面也要努力用心体会孩子们的内心世界。不要刻意要求自己做到同感，他们承受的痛苦不是你所能完全理解和体会的，因为你没有经历过。不要对自己的心理干预工作抱太高的期望，最重要的不是技术、技巧，而是你的态度、你的真心。

4. 心理干预的基本方法以及成功案例参考

（1）给他们讨论丧失的机会。

这一年龄段的青少年需要清楚而直接地接触危机信息与事实，不过这些信息与事实应当以他们可以理解的方式来呈现和讨论。其他家庭成员要给予这类孩子参加讨论、计划、哀悼、葬礼以及纪念活动的机会。有时其他家庭成员可能会为了避免伤害孩子而让他们回避这类活动，但这等于剥夺了孩子表达自己情感的机会。他们可能深深地感到害怕、内疚、无助以及悲痛，却不知道怎样自如地表达情感。心理辅导人员应给予他们机会表达，并且协助其他家人理解处于悲痛中的青少年，给予他们确认和宣泄情感的机会。

（2）给予他们独处的机会。

汉森（Hansen）指出，处于丧失中的青少年需要融入家庭的悲痛之中，同时也需要有独处、无人打扰的时间。

（3）团体心理辅导专业方案示例。

在悲伤辅导中，通过团体情境开展工作是一种有效的方式，可以给经历丧亲的青少年提供情绪支持。下面这个对地震孤儿的团体心理辅导方案可供心理辅导专业人员参考。如果辅导对象是年龄较大的孩子，则需要稍微修改部分活动的形式，但主题和目的不变。

地震孤儿的团体心理辅导方案

辅导对象：6 ~ 12岁儿童，人数8 ~ 12人。

基本情况：经历此次大地震，因为地震而失去了父母，成为孤儿；与包括爸爸妈妈、爷爷奶奶在内的许多亲人失去了联系，亲人下落不明。

设计理念：这个团体中，所有的孩子都失去了父母或者和亲人失去了联系，而被集中在一起接受照料和教育，可以说是灾后儿童中心理创伤最大、危机程度最重的群体。对这类孩子的团体心理辅导首先要注意顾及孩子的心理承受能力，不能随意或轻易触及敏感话题，说话要特别小心，避免对孩子造成伤害。开展的活动既要给他们表露情感的机会，又不能让他们表露过度造成新的创伤，还要注意对哭泣的孩子进行安抚陪伴。孤儿群体容易产生自杀倾向，对此要给予高度关注，最好是通过活动让他们达成一项爱惜生命的承诺。

设计目的：

（1）给儿童创造表露情感的机会，但要注意度的把握。

（2）对儿童所表达的情绪给予充分的理解和支持。

（3）体验团队的支持。

（4）表达思念，通过终结仪式来了结悲伤。

（5）对亲人达成爱惜生命的承诺。

辅导员团队组成：一名主讲，两名助手，一名录音和拍照人员。

道具和器材：帽子、白纸、彩色信纸、水彩笔或蜡笔、签字笔、小玩偶、塑料桶、黄土、唤起悲伤体验的音乐、摄录机、录音笔、订书机。

团体辅导过程与步骤：

（1）选择干扰比较少的空地或者在比较大的空教室内，让孩子们手拉手围成一个圈坐下来。

（2） 自我介绍小游戏：耳朵鼻子谁是谁？

游戏规则：先选三名小孩站成一排，当主讲人说口令“鼻子”的时候，就要用手指耳朵，说口令“耳朵”的时候，就要用手指鼻子。其他人负责观察谁做错了。做错的和做得最慢的要出来作自我介绍，如“我叫柳青，我来自……今年……岁了”。然后其他人一起大声说：“柳青，你好！”并一起鼓掌欢迎他加入团体。依次进行，如果最后剩的人多就要加大难度，如说口令“一只手耳朵”时就要用两只手指鼻子。

这个游戏首先起到“暖场”的作用，还可以通过自我介绍增加成员之间的熟悉程度和团体感，为后面的活动作准备。

（3）团体活动：玩偶故事秀。

①首先在白纸上画小动物，如猴子、大象、熊猫、小兔子、小猫、狗、企鹅等，用订书机订在帽子上。每顶帽子代表一种动物。

②每个孩子都选出一种最适合自己的或者最喜欢的动物。

③把所有的动物收集好，请孩子们来扮演这些小动物。假设你是某种动物，那么请你讲讲它的故事。主讲人做示范，跟小朋友商量要如何说出自己的故事。

④在玩偶秀上演的时候所有的孩子都戴上帽子，遮住眼睛，让他们假装自己在森林里围着营火聊天。

⑤每一个孩子都说出自己的故事，其他人给予支持。

⑥主讲人鼓励他们尽量把细节讲出来，并且说出他们是如何保护自己的。

⑦孩子们可以讨论通过动物讲出自己的故事的感觉。鼓励他们不借用动物来说出自己的故事，其他团队成员给予鼓励和支持。

这个活动主要是让孩子们有创意地讲出自己的创伤故事，并且学习如何从其他团员中得到帮助，适合用于创伤后或丧亲后的儿童心理辅导。

（4）团体活动：心手相牵。

①让孩子们平均分成两组，第一组手拉手围成一个圈，作为内圈；第二组手拉手围成一个圈并把第一个圈围在里面，作为外圈。

②内圈的小朋友向后转，面对外圈的小朋友，互相点头微笑。

③按主讲人的口令玩“石头剪刀布”的游戏，面对面的小朋友划拳，如果出的拳是一样的，就要互相拥抱一下；如果出的拳不一样，就互相双手紧握一下。

④做完一遍后，内圈人顺时针走一步或外圈人逆时针走一步，再进行划拳。依次做5~8轮。

⑤完成以后让几个孩子说说自己的感受，主讲人总结。

这个活动主要是通过肢体接触的方式，让每一个孩子感受到团队的支持和互相扶持、心心相印的温暖体验。

（5）团体活动：此时此刻，你最想见的人……

孩子们回到座位坐好。主讲人提问：“孩子们，你们现在最想见的人是谁？为什么最想见他？”“你们是因为什么才分开的？”“你还记得那天发生了什么吗？后来呢？”如果团体人数不多，可以请每个孩子都谈一下。孩子们会有真情表露，如女孩子边说边流泪，刚提到爸爸妈妈就泣不成声，男孩子眼睛都是红红的。主讲人要注意用词，少言语、多触摸，认真倾听，充分共情，做好安抚。

这个环节主要目的是给予儿童表达自己情感的机会，“此时此刻你最想见的人……”这一话题最能引起丧亲者的情感表露。

（6）团体活动：埋葬悲伤。

①发给每位小朋友一张彩色的信纸和几只水彩笔，告诉他们现在可以把最想对爸爸妈妈或其他亲人说的话写下来，给他们写一封信；不会写的字可以用拼音代替；写好以后还可以在纸上画一幅画，并签上自己的名字。

②播放舒缓的、有悲伤情绪的音乐，让孩子们安安静静地写写画画，辅导人员不干扰。

③告诉孩子们写好后把它叠起来，可以叠成自己喜欢的任何形状，发挥想象力。

④等全部孩子都写完叠好以后，把盛乘有干净黄土的桶拎到中间，告诉他们我们手中的信满载着我们对亲人的深深思念，现在我们要把它埋在泥土里，把这份思念和悲伤埋葬。每一位小朋友都要上来亲手埋，埋好后在桶边闭上眼睛许下一个愿望，然后归队。

这个活动是一种“终结仪式”，通过埋葬这样一种仪式化的行为，让孩子们为自己悲伤的情绪画上一个句号，就此结束对亲人的思念和失去他们的悲痛。如果有条件，还可以直接带领孩子们把信埋在大树下。除了埋葬以外，还可以采用其他的形式，比如放飞气球、放纸船、放纸飞机等，但必须由孩子们从头到尾亲自完成，不能代劳。

（7）团体活动：生命的承诺。

每个孩子发一个小玩偶，告诉他这代表着他最想见的人。现在这个最想见的人来到了他的面前，请他想一想，这时候这个人会对他说些什么。可以让孩子们举手发言。

总结孩子们的发言，然后让孩子对亲人作出承诺，让他们放心。可以一起大声说，比如：“我以后不会是一个人”，“我以后要和大家一起玩”，“我以后要和大家一起上学”，“我不会一个人躲在角落里”，“我要帮助别的小朋友”，“我们互相帮助”，“我们在一起”。

这个活动主要是让孩子亲自说出失去的亲人对他的希望，从而使他珍惜自己的生命，明确自己以后要怎么做。

（8）用“松鼠和大树”等小游戏调节团队气氛，给孩子们自我展示和增强自信心的机会。最后把小玩偶送给孩子们，并合影留念。

四、心理志愿者应如何对待失去双亲的16~18岁的孩子

1. “我已经长大”

16~18岁的孩子处在青春期，青春期在心理发展上被称为“急风暴雨”的时期，是一个人从孩子到大人成长蜕变的过程，是心理上急剧变化的时期。这一时期一个非常明显的特点就是自我意识的发展，这一时期的孩子开始关注“我是谁?”“我是一个怎么样的人?”“我的生活有什么意义?”等问题。在对自我的认识上，他们感觉自己已经长大了，但是不能完整地回答自己是谁、有什么样的性格，因为他们感觉自己充满矛盾，内心有许多冲突，感觉比较迷茫。由于自我意识的发展，他们的思想独立性大为增强，开始反抗传统的规定和教条，反感父母的教育意见，同时认为父母根本不了解自己并且不愿意跟父母沟通，也就是出现我们常说的青春期叛逆行为。

2. 可能的创伤性反应和表现

青春期的孩子突然失去了父母，他们会很快出现震惊、脆弱、自责、内疚、痛苦以及其他一些情感。由于内心的巨大冲突和这个时期孩子不愿意表露内心的心理特点，他们可能会产生严重的情绪问题，引发神经症，并在人格上观察到明显的性格特质变化，尤其需要注意对其自杀行为的预防。

3. 心理志愿者进行干预的基本态度

对这个年龄段的孩子进行心理干预遵循其他年龄段通用的基本态度，只是尤其要注意引导孩子按照悲伤和哀悼的正常过程发展，以及增强其对现实的自我关注。对于丧失这一心理危机，心理志愿者所能做的就是一种悲伤辅导或治疗，引发孩子正常的悲伤和哀悼表达；也需要在此基础上引导其重新关注现实，一方面重新建构与父母的心理联结，另一方面明确自己存在的意义以及生活的方向，增强积极的心理力量。

4. 心理干预的基本方法

（1）鼓励他们谈论丧失。

要帮助丧失父母的孩子面对这种现实，就要鼓励他们谈论丧失。地震的时候父母在什么地方？你在什么地方？他们在做什么？你们最后一次见面是在哪里？你们最后一次谈话是什么内容？父母是怎么离开你的？葬礼是怎么举行的？通过语言表达，通过谈论与死亡相关的事情，孩子会在心里审视有关死亡的事件，从而真正接受死亡已经发生的事实。谈论这类话题的时候辅导人员要特别小心，不能直接触及，需要在信任关系建立起来的基础上小心而耐心地进行。

（2）帮助他们确认并表达情感。

这个年龄段的孩子对逝去的父母可能存在许许多多复杂的情绪、情感，如果一味压抑，不愿触碰，总是以回避来面对，就会导致许多问题。有时不是他们不想表达，只是这感情太深沉、太复杂，自己都感觉很乱，所以不愿意说，认为就算说出来也不会有人理解。心理志愿者的重要任务之一是帮助这些孩子确认自己的情感并表达出来。他们涉及的情感可能会有愤怒、愧疚、焦虑、无助、悲哀等。

（3）帮助他们在失去父母的情况下活下去。

在表达情感的基础上，要引导孩子重新关注现实，活在此时此地。需要让他们了解现在所面临的问题是什么，以及应当如何解决。失去父母以后造成的不适应需要孩子重新调整自己的角色，他们需要学习新的生活技巧，担负起生活的责任。辅导者需要唤起他们对自己存在的意义感，采用角色扮演等方法让孩子了解自己的责任，对逝去的父母的责任。与他们讨论如何安排自己的生活和学习，对未来的打算，等等。

（4）给他们悲伤的时间。

悲伤的过程需要时间，心理辅导者必须清楚，在悲伤过程没有完结的时候，个体出现一些非常态症状表现都是正常和容易理解的，甚至说是必需的过程，例如幻觉、情绪混乱、被死者占据心神等。如果个体想急切地回复到之前的状态，或者照料者、辅导者急切地给他施加压力，希望他尽快正常起来，都会适得其反，导致更多的问题。心理辅导者也要让孩子了解自己出现一些反应的正常性，要容许自己有一些负面的情绪和行为，要接纳自己的不正常状态，给自己一些时间恢复正常。

（5）识别、界定他们的病态行为并转介。

如果某些孩子有精神异常的家族病史，或者本身曾经有精神异常的发作病史，或者在人格上有缺陷，如患有边缘性人格异常，则有可能会在失去父母后表现出精神异常的症状。心理志愿者有义务界定出他们因为失落和悲伤引起的变态行为，如果不在心理咨询的技术范围之内，需要及时进行转介。

【你可以说的话】

我真的不知道该对你说些什么。

【你不能说的话】

我了解你的感受。

做个勇敢的男（女）孩。

生活是为了活下去。

一切都会很快好起来的。

都会过去的。

你会变好的。

【读读他/她的故事】

一个9岁的小女孩，被埋了8小时后获救，目睹了好朋友被砸死的过程，血溅在了她身上。被救出来后，小女孩未流过一滴泪，反而去安慰泪流满面的母亲。这是一个有着创伤经历的小女孩，内向并且不喜欢说话，对灾难发生时的情景也只是简单描述，并称自己记不清了。小女孩在有意压抑着自己的悲伤与恐惧。咨询者拿出了彩笔和纸，让小女孩画自己想画的画。小女孩画了一个活泼可爱的小女孩、大片绿色的草地、盛开的鲜花和飞舞的蝴蝶。咨询者让小女孩讲述画中的内容时，小女孩说画中的人物是自己的好朋友。咨询者让小女孩与画中人物对话时，小女孩的泪水涌了出来，压抑已久的悲伤得到了释放……

心理志愿者吴文丽博士提供

【我的心里话】

对儿童群体的团体心理辅导，抛开所有的专业技术、技巧不谈，最重要的一点就是要真诚、耐心，满怀爱地去关注小朋友，去倾听他们的心声。孩子稚嫩的童声、稚嫩的笔迹，常常像洪钟一样，深深撞击我的心，最能引起我的触动。无论何时，默默传递的爱是一种无意识的交流，它胜过一切技巧、理论，在最深的层面上起作用，可以建立起孩子和辅导人员之间的信任与依恋，我们知道这一点对于心理辅导是多么重要。

【“心”留言】

第五节　其他人对待失去双亲的孩子的态度和方法

一、照料者应如何对待这些孩子

（1）不能总用“要坚强”来要求和教育孩子，不能总对孩子说“加油”。这类励志的字眼，对孩子来说都是一种无形的压力。

（2）鼓励孩子表达自己的情绪体验。不要习惯性地让孩子“不要哭”，这类话语会更压抑孩子的情感表达，悲伤、痛苦、无助、害怕这些体验不能得到正常表达，会引起更严重的心理问题。

（3）要努力创造一个愉快的环境，增进孩子与同龄儿童的交往和交流，特别是跟经历类似的孩子的交流，减少孩子心理上的孤独感和绝望感。

（4）不刻意回避丧失亲人的话题。亲属或照料者可能因为担心再提起会对孩子心理造成伤害而刻意回避这类话题，但是回避并不能解决问题，只会在孩子的内心留下一道难以愈合的伤口。相反，如果能让孩子正视父母已经去世的事实，并且跟他们一起表达自己的悲痛，一起通过对亲人的悼念活动表达自己的哀思，会对孩子有所帮助。

（5）给予孩子足够的爱和安全感。经历重大丧失的孩子会产生安全感严重缺失，并可能因此引起焦虑症等心理问题。特别是对于年幼的孩子，亲属或照料者要更加关怀照顾，让孩子确认自己是有人保护的，是安全的，需要不厌其烦地一次次向他们保证和确认：他们是安全的、有人陪伴的，亲属或照料者要陪伴他们共同度过这段艰难的日子。

二、政府部门的工作人员应怎么做

因为地震失去父母亲的孩子是心理创伤最大也最重的群体之一，社会各界包括政府部门都以各种方式表达了对这部分群体的关注和帮助，这种支持和关爱确实对他们的心理恢复起到了积极的作用，这里再就政府部门人员对震后孤儿的援助工作提一些建议：

（1）保障这些孩子的生活和教育质量。

（2）慎重考虑孤儿收养者的条件。

（3）持续关心孩子的心理、身体健康成长，加大心理健康关注力度。

三、媒体需要注意些什么

在救灾救援第一线的战场上，我们总能看到媒体记者奔忙的身影。在同胞遭受灾难的苦难时刻，他们忘记个人安危，全身心投入工作。这些媒体记者虽然是以工作人员的身份出现，但也陪伴着无数需要帮助的孩子们，为他们的境况牵肠挂肚，因他们的经历而感动落泪，用镜头记录每个感人瞬间，用手中的笔为他们的未来向社会呐喊，他们同样令人尊敬！

不过媒体记者由于专业上的限制，在对震后孤儿的心理辅导中，也有一些需要注意的地方。下面就从心理健康的角度提一些建议：

（1） 在心理志愿者进行个体和团体辅导时，不要为了采访报道而干扰了孩子的表达。情绪情感的表达或宣泄需要一个相对安静的、没有干扰的环境，外在的哪怕是很小的刺激都可能成为阻碍表达的因素。我们在进行个体心理咨询和团体心理辅导时发现，当孩子在哭泣时如果马上用镜头对准他们的脸，有些孩子可能会停止流泪或拒绝再表达，这对于心理辅导而言无疑是一种干扰。有时，一个拍摄的动作可能会使心理志愿者一个下午的努力付诸东流。

（2）不要过多地去打扰孩子。从众所周知的“敬礼娃娃”产生心理障碍的事件中不难看出，当多家媒体为了报道需要一再地采访地震后的孩子时，会对他们的心理产生不良干扰。虽然有时是为了表达关切，但如果造成了干扰反作用，也是大家不愿意看到的。日本阪神地震孤儿中，就出现有些孩子在震后被摄像机不断追赶，几年后患上了镜头恐惧症的现象。

（3）在采访孩子的过程中，不要使用过于直接的可能造成伤害的语句。处于危机状态中的人们非常容易受到伤害，对孩子而言尤其如此，他们的心灵敏感而脆弱，尤其在他还未能从失去父母的悲痛中走出来，甚至还完全不能接受这件事的时候去直接地询问和采访，很可能对孩子的心灵造成二次创伤，并给心理辅导工作增加困难。因此请记者们在出言的时候多加考虑，设身处地地为孩子们多考虑。

【读读他/她的故事】

2008年5月13日早晨，3岁的小郎铮被解放军官兵从废墟里救出后，躺在用一块小木板做的临时担架上，用他稚嫩的右手向8位抬着他的解放军叔叔敬了军礼，《绵阳晚报》某记者用照相机记录下了这一感人瞬间。这张照片公布后，小郎铮引起了社会各界的高度关注。温家宝总理两次到医院看望小郎铮，称赞他“坚强、勇敢”。5月20日，3岁的小郎铮对照顾他的解放军某部的医护人员说：“我也要当警察，和爸爸一起去救叔叔阿姨。”

就在很多人陷入“敬礼娃娃热”的时候，一个令人不快的消息却传了出来。据报道，正在西安治疗的小郎铮出现了心理障碍，唐都医院的某心理医生说，目前小郎铮老是想着房子倒塌的情景。小郎铮不喜欢说话，很恐惧，不愿离开母亲，不愿接触陌生人。小郎铮来到西安后，很多人去看望他，导致他没有足够的时间休息，也不能和其他小朋友一起玩，对他的情绪也有一定影响。这位心理医生因此呼吁：希望关心小郎铮的市民不要再来探望他，给他一个安静的休养环境。

【我的心里话】

各方力量携起手来，为最需要关爱的孩子们撑起一片希望的蓝天！

【“心”留言】

【本章小结】

作为同学和朋友，我们可以多陪伴、多倾听；从细微的事情做起，主动地关心、帮助；不是一时的热情，而是持续的关注。

心理志愿者必须有相当的专业性作保证，并非任何人都可以开展心理辅导工作。没有专业技能和理论支撑，心理援助很可能会变成心理干扰。

心理干预工作需要充分结合孩子的年龄特点和心理发展水平。

为了孩子的心理健康成长，心理志愿者、孩子的养护人、政府部门、媒体记者需要反思自己可以做什么、不可以做什么，一切为孩子着想。

第五章　因为地震失去亲人的人们，听我对你说……

第一节　多想再亲亲你的脸
——当爸爸妈妈失去了心爱的孩子

一、爸爸妈妈如何自我调节

1. 调节自己的情绪和身体状况——我们一起来尝试一下吧

（1）保证充分的休息和健康的饮食，尽量保证有规律的作息。

（2）不要隐藏你的感受，试着把你的情绪表达出来，并且让家人一起分担。

（3）开放自己，听听别人不同的声音和解释，或许可以逐渐减少自责。

（4）经常用正面的想法劝勉自己，形成新的看法而摆脱自责。

（5）不要强迫自己去忘记，可以的话，试着把过去跟孩子的相处经历当作珍贵的记忆来收藏。

（6）如果你有任何需要，请向你的家人、朋友或相关单位说出你的需要。

（7）准备好经历情绪的起伏。当情绪反复时，请想一想，你已经克服了哪些困难，已经经历了多少次情绪考验。

2. 用交流来调节——我们在一起

（1）夫妻之间彼此接纳对方对悲伤的反应方式，互相支持。因为性别的不同，夫妻表达悲伤可能会有不同的方式：失去孩子的爸爸多采取沉默而内敛的悲伤反应，妈妈可能会因为爸爸的沉默反应，觉得自己独自面对失去孩子的痛苦而责备爸爸。

（2）谨慎决定你要交流的对象，选择合适的时间和地点。当你准备好时，谈一谈你的感受。

（3）向他人倾诉以寻求他人的帮助，或者多花点时间同别人待在一起。

（4）跟信赖的人一起回顾死去的孩子的生平，可以的话，做一个告别仪式。具体做法是看着孩子的照片，把自己想跟孩子说的话大声说出来。也可以站在孩子的角度把他／她想跟爸爸妈妈说的话大声说出来。

（5）可以和其他受害家庭相互扶持。

（6）不用顾虑是否会引起他人不安而保持沉默，也不要认为别人不愿意听，不要等到绝望或筋疲力尽时再寻求帮助。

3. 调节自己的行为——此时此刻，行动起来

（1）参加积极的活动来分散注意力，比如体育运动、业余活动、阅读等。

（2）把注意力集中在当下力所能及的事情上以改善处境。

（3）学会使用一些放松的方法，如做深呼吸、散步、平静地自我对话、听舒缓的音乐等，每天睡觉前有意识地进行放松。

（4）深呼吸可以参考以下两种做法：

方法一：先用鼻子徐徐吸足新鲜空气，再屏住呼吸数秒钟，然后拢起嘴唇使劲吐出小部分气，稍停片刻，再继续吐一小部分，如此反复数次，直至肺部空气吐完为止。整个过程平静地进行，连自己也听不到呼吸声。

方法二：让自己坐在一张感觉舒服的椅子上，把双手轻轻地放在大腿上，两腿与肩膀大致平行，闭上眼睛。吸进新鲜空气，再把所有的浑浊空气呼出来，并让意念引导这种舒服的感觉走遍全身，把这美好的感觉留住，想象自己就是蓝天，各种杂念就是朵朵的白云，来了又走，来了又走，任由它来去，最后慢慢睁开眼睛。

4. 寻求专业帮助——还有别的路可走

当出现以下一些情况而自己又没有办法很好地调节时，请你别害怕，我们还有别的路可走，那就是主动去寻求精神科医师或心理医师的帮助。

（1）在悲痛过程中出现强烈的自杀想法时。

（2）由普通的悲痛过程演变成为忧郁症时。

（3）坚持否认孩子死亡的事实时。

（4）无法逐渐走出悲痛时。

发生以上情况时，可能出现的身心反应或状况如下：

（1）你发现自己有很长一段时间心情烦乱，感觉压力很大，空虚，难以承受。

（2）在事情发生一个月之后，还一直感觉麻木迟钝，并且要不断地让自

己处于忙碌状态，才能不去胡思乱想。

（3）你会不断地再想起地震的事情，睡觉时会做噩梦而惊醒，或是感觉身体很不舒服。

（4）没有人可以和你讨论你的感受，但你又觉得自己有这个需要。

（5）你的工作或人际关系变糟了，这让你的生活更加痛苦。

（6）你又发生了其他的意外。

（7）灾难发生之后，你抽烟、喝酒或吃药都比以往多。

如果出现了以上的情况，可以到附近的心理工作站寻求帮助，也可以联系医院的心理科或精神科，或者拨打心理援助热线。不要怕，也不要有什么顾虑，要知道巨大的悲痛之下人类有以上反应是很正常的，也是暂时的，寻求心理医生和精神科医生的帮助，并不代表自己就患上了精神疾病。

二、其他亲人和朋友如何对待这些爸爸妈妈

（1）接纳和尊重他们的任何情绪和行为反应并表示理解。

（2）多花时间与他们在一起，当他们愿意交谈时，做好聆听的准备，让他们能安心、自在地表达，不要阻止他们讲述关于死去孩子的故事。

（3）讲述时可以叫孩子的名字，而不要用死者或逝者来称呼。

（4）表达你的关心和支持。有时肢体接触的效果很好，如握住他的手、拍拍他的肩、拥抱等。

（5）做好接纳他们情绪起伏的心理准备。

（6）在聆听的前提下可以适当引导他们跟孩子做一个告别仪式，如："假如孩子在天有灵的话，他（她）会对你说些什么？你现在想对孩子说些什么？"

（7）不要去期望和随便给对方下结论。

（8）不要随便给建议，而是要引导他们自己作出以后的规划。对他们的规划给予鼓励和支持。

（9）帮助他们用积极的思维方式处理问题。

（10）陪他们进行体育锻炼、散步等。

（11）教给他们一些放松的方法，可以的话放些舒缓的音乐。

（12）有些话是不适合说的，如："你是幸运的，你还有别的孩子（亲属）。""你还年轻，还可以再生一个孩子。"

（13）协助他们找到支持团体或有关的社会资源。

【读读他 / 她的故事】

李姐的儿子 9 岁，是小学生，在地震中不幸遇难。第一次见李姐是妇联的人带我去的。听妇联的人说，是她自己主动提出找个心理援助志愿者聊一聊的。在房间见到李姐时，她的父母和姐姐都在，李姐当时哭得很伤心，她母亲正在对她说："你别哭了，还年轻，还可以再生一个嘛。"（这种劝慰，不让她表达情绪，反而会使她的情绪更压抑。这个时候给出再生一个孩子的建议也是不合时宜的，只会让她更伤心。）

我跟李姐到另一个房间单独谈话，李姐向我诉说了自己这些天来所承受的煎熬。她说："妹妹，你知道吗，我的儿子太可爱了，就这样说没有就没有了。我父母年纪也大了，当着他们的面，我又不敢表现得太伤心，可是我心里难受啊！我和我丈夫这些年辛辛苦苦经营起来的门面也毁了，家里买的房子也变成危房了，我什么都没有了。房子啥的没了我还不怎么伤心，但是我实在是太舍不得我儿子了。我把所有的希望都寄托在他身上了，我挣钱都是为了供他上学。我儿子很乖，他有时还会劝我不要太辛苦。我对不起我的儿子啊，我真不该让他转学，如果不是转到新建的小学也许不会有事。"说到这里，李姐流露出无限的悔恨，情绪有些失控。我问李姐："当时转学是有原因的吧？"李姐说："当时我儿子身体不好，经常生病，在寄宿学校读书不利于我照顾他，所以我们才考虑让他转学的。"我又接着问："那转学后呢，他的身体有没有好些？"李姐带着些许的欣慰说："转学后身体确实好了很多，不再那么容易生病了，胖了些，还长高了好多。"我握住李姐的手说："是啊，作为家长都会做出让孩子转学方便自己照顾的决定，你当初让他转学是没有错的，你看他后来就不那么容易生病了，还长高了那么多。至于这次发生的灾难是我们无法预料的啊，你已经做了你该做的了，你尽力了，你已经尽力了！"李姐说："是啊，地震这样的天灾来了也没有啥子办法……"

李姐突然紧紧地拉住我的手说："妹妹，有个镜头一直刻在我脑子里，每次一想起来我就非常受不了，想起来就想死啊！"李姐说到这里都泣不成声了。我递上纸巾，紧紧地拥着她，说："李姐，现在我跟你在一起呢，你跟我说说可能会好些。""地震后的第三天，我去殡仪馆找我儿子的尸体，我扒了很多尸袋啊，心里很矛盾，一边扒一边想：不要在这里找到我儿子啊，可是终于，当我打开一个尸袋时，我看到我儿子躺在里面……叫我怎么接受得了啊?”听到这里，我终于忍不住哭了，李姐的情绪也开始有些失控。为了稳定我们的情绪，我说：“李姐，见到这样的场面的确太痛苦了，太令人难以接受了，我们一起来做几下深呼吸放松，缓和一下情绪吧。”我教李姐做了深呼吸放松：先用鼻子徐徐吸足新鲜空气，再屏住呼吸数秒钟，然后拢起嘴唇使劲吐出小部分气，稍停片刻，再继续吐一小部分，如此反复数次，直至肺内空气吐完为止。放松后我们的确平静了很多。我对李姐说：“李姐，以后每次你想到那个镜头时，都试着做深呼吸放松，慢慢地会好起来的。”李姐点了点头。

接着，李姐又跟我讲了很多关于儿子的事情，我都认认真真地听着，默默地陪着李姐一起回忆，一起缅怀这个可爱懂事的孩子。从出事以来，李姐一直都在压抑自己的感受，此刻，她可以尽情地表达，尽情地讲述着儿子的可爱、聪明、懂事与体贴。渐渐地，李姐开始表达一些积极的想法，她说：“也许我跟儿子的缘分就这么长，儿子，你放心吧，妈妈会好好地活着。你永远都是妈妈的宝贝，以后我照顾不了你了，你自己多保重啊。”谈到以后的打算，李姐说会重新打理门面的生意。

【我的心里话】

这场灾难突如其来，我们猝不及防，顷刻之间，我们就与可爱的孩子阴阳相隔。可怜天下父母心啊！上刀山可以，下火海也可以，我们绝对不愿意就这样失去他们。可是灾难来了，它无情地夺走了我们的孩子。

对于失去亲人，我们人类最直接的表达方式就是痛哭。我不想对你们说别哭，哭吧，能哭出来其实是好事。我们不认为哭是一种懦弱，男人也可以哭，哭是我们的权利。我们因为懂得感情，懂得不舍，我们才会哭。

可我也希望你们能早一天擦去眼泪，照顾好自己，化悲痛为力量，珍藏起以往与孩子在一起的美好记忆，重建家园。我也深深地知道，这需要相当长的时间，毕竟，受伤太重，愈合需要时间。所以我想对你们说，面对灾难，我们失望但不绝望，让我们在苦难中昂起头、挺起胸，坚强地朝前走。

如果孩子在天有灵的话，让我们大声地对他们说：亲爱的孩子，以后爸爸妈妈不能照顾你了，你自己要多保重，一路走好啊！不用担心爸爸妈妈，我们会好好地活下去，你就放心吧！

【“心”留言】

第二节　教我如何报答你
——当孩子失去了亲爱的爸爸妈妈

一、年幼的孩子如何进行自我调节

我该怎么做?

（1）要面对已经发生的事情。地震发生了，亲爱的爸爸（妈妈）不在了，不论我怎么许愿、怎么做，都再也看不到他（她）了。他（她）再也不会和我一起吃饭、看电视、逛街、玩闹、打扫……我要明白，也要去面对。

（2）不勉强自己。不隐藏自己的感受，试着把自己的情绪表达出来，并且和家人一起分担悲痛。不要因为不好意思或忌讳而避开和别人谈论这次经历，而应让别人有机会了解和关心自己。不要强迫自己去忘掉它，地震伤痛的感觉会跟着你一段时间，这是正常的现象。

我们可以把地震灾难画下来，把害怕的事情写下来，向家人诉说自己的难过、伤心和害怕。我们也可以大声地哭、大声地喊，把自己的感受表达出来，把各种情绪发泄出来，不管是通过什么方式。

（3）不自责。爸爸（妈妈）离开了，我很难过，我救不了他（她），我什么都没做。但是，地震在目前是不可预测的，没有办法事先知道而准备好去应对。这场灾难是超出人的能力范围的，不属于个人的责任。我要做自己能做的事，这场灾难不是我的责任。

（4）寻找力量。我不只是一个人，我要和家人好好在一起，我们要共同面对、共同承担、共同回忆，找到生活的勇气和信心，我们是一家人。

我还要记下地震发生以来让我最感动的事和人，我要记住帮助过我的朋友、志愿者、解放军叔叔。我要记住一起坚持、一起游戏的同学，可能的话我也会主动寻求帮助，和援助我的人在一起渡过难关。

（5）好好生活。我会认真照顾自己，好好吃饭，按时睡觉，还要做运动，不让家里人再担心我。我会学着寻找能够放松自己的方式，让自己平静下来，慢慢减轻自己的焦虑和恐惧，保证自己不会因为身体出问题而心情更恶劣。

（6）学会告别。我要写一封信，给最想念的爸爸妈妈，把最想说的话都写下来，把自己的思念、痛苦、心愿都告诉他们，然后我要把这封信放进气球里，放飞到天空，相信他们可以看到。

（7）面对未来。我要把心中的理想记下来，并努力去实现它；现在每天我要对所做的事情作计划，最近一个月，六个月……另外，我要尽量试着去帮助别人。爸爸（妈妈）也经历了同样的事情，我要抚慰他（她），支持、陪伴他（她），不让他（她）感觉到孤单、寂寞。我会试着去体会别人的痛苦和感受，尽自己的所能去帮助别人，哪怕只是给个拥抱或者倒杯水，在帮助他们的同时我也获得了战胜困难的勇气。

二、成年人如何进行自我调节

在听到失去父亲或母亲这个噩耗的刹那，有人晕倒，有人出乎意料地冷静，有人涕泪纵横。若没有歇斯底里并不表示你不在乎，若是哭泣也不表示你是个弱者，这些反应都是正常、合理的。其实在这沉痛的打击下，能流泪是件好事。疗伤止痛会需要几个月甚至数年，会经历以下四个过程，了解这些过程将有助于处理你的悲伤。

（1）震惊与否认。茫然，难以接受事实，想否认事实，堵住痛苦的感受，在受到打击后的几小时或几天内，不愿意相信再也见不到自己的父亲或母亲。

（2）追问与幻想。渴望回应，追根究底，不断地问“为什么发生在我身上?”想借“假如……”的想法挽回不幸或获得对事情的控制。

（3）醒悟与痛苦。想要事情有所不同，祈祷父亲或母亲可以奇迹般回来；这些希望逐渐破灭后，愤怒、绝望与沮丧随之而来。

（4）适应与新生。接受失去父亲或母亲的事实，把它整合到新的生活中。

你可以做的事情：

（1）你可以通过哭泣与获得支持走出阴影。你的悲伤是重要的、真实的，痛苦是自然的反应，流泪有助于哀伤的释放，难过与哭泣是走向心理康复的过程。只要你愿意把失去亲人的不幸整合进你的生活，愿意经历哀悼的过程，就能走向疗愈之路，逃避只会延缓伤痛的愈合。

（2）必要时改变环境，但仍应容许自己哀悼。

（3）公开说出你的悲伤或痛苦有助于疗愈，你可以寻求心理救助人员的帮助。

（4）别忘记你的家人和你有一样的经历和类似的感受，试着和家人谈谈，互相支持，尤其是失去配偶的父母更需要你的陪伴。

（5）一定要花时间好好睡觉、休息，并且和你的家人或朋友一起生活。

（6）如果你需要帮助，请你向你的家人、朋友或相关单位说出你的需要。

（7）一定要想办法让自己的生活尽量维持正常。

（8）让你的孩子向你或其他人说出他们的反应，让他们用游戏或画画的方式表达出心里的想法与感受。如果可能的话，要让你的孩子回到学校，并让他们参与学校里的活动。

（9）工作或开车一定要小心，因为承受着地震过后失去父亲或母亲的压力，意外事故(如车祸）会更容易发生。

（10）“树欲静而风不止，子欲养而亲不待。”要学会告别，终结失去亲人的悲伤，可通过亲手写悼词，也可通过写日记的方式。

（11）避免作出生活中的重要决定，比如变换工作，因为这种选择会带来很大的压力。

三、其他亲人怎么对待这些孩子或成年人

1. 如何对待孩子

（1）你可以做的事：

① 鼓励或接纳孩子讨论事情发生的经过，允许他们表达因灾难而产生的挫折感、混乱感、害怕及悲伤等情绪。鼓励大一点的孩子向你谈他的想法和感受，可借助游戏或画画的方式让年幼的孩子表达出来，通过游戏可释放紧张。

② 花更多的时间和孩子在一起，允许他们在失去爸爸（妈妈）后的几个月内更加依靠你。

③ 向他们保证会一直陪伴他们，保持日常活动的规律性，以便使他们的安全感和正常感得到恢复。让孩子确信，即使再发生什么糟糕的事，他们也总会得到照顾。

④ 关注积极面，让孩子知道灾难使世界上愿意助人的人表现出了人性的美好一面。

⑤ 制订计划，让孩子知道，如果周围再次发生糟糕的事情该怎么做——该给谁打电话或该上哪儿去。给孩子准备一个小夹子，里面应该有一些重要的名字、电话号码，让他们带在身边或放在书包里。

⑥ 尽可能让孩子恢复正常生活，参与学校活动，在集体中获得支持。

⑦ 让孩子有机会对失去的爸爸（妈妈）表达心意。可以让年长一点的孩子参加祈祷、祭拜或亲人的丧礼，并告诉他们丧礼的过程与意义。至于年幼的孩子，若怕对他们冲击太大，则可让他们适当参与亲人的丧礼活动。比如四岁的孩子，就可以教他折纸花，不过，别忘了给他温暖的陪伴。

（2）你不该做的事：

① 不要禁止孩子谈论有关灾难的话题或重述当时的情景。孩子可以借由这样的方式来降低焦虑。

② 不要刻意回避和孩子讨论死亡，或当作事情没有发生。不要回避告诉孩子真相，甚至扭曲真相。例如转移话题，或说爸爸（妈妈）在别的地方。

③ 不要立即将孩子送走，或强迫他去新的环境。如果孩子没有机会处理心中的伤痛，就被送到新的生活环境，如寄养家庭、孤儿院，这将会在他的心中留下极大的阴影。

④ 不要强迫孩子勇敢坚强。有时悲伤哭泣是必要的，这时，告诉他“你可以尽情地哭”会比告诉他“不要哭”来得好。

⑤ 不要对死亡作不适当的解释。例如“妈妈出远门去旅行了”——这会让孩子觉得妈妈是不辞而别，尤其当他总是等不到妈妈回来时，会更加悲伤。又如“死去就像睡着一样”——有时孩子会害怕自己也在睡梦中死去。

⑥ 不要期待孩子在一夜之间长大，变得懂事、成熟、乖巧听话。

2. 如何对待成年人

（1）鼓励他描述整件事情，以及对逝者的各种感觉，和他们一起表达对逝去的父亲（母亲）的种种思念，谈谈过去与他们相处的种种回忆。

（2）支持与接受他表达情绪，允许他哭泣，如说：“我就在这儿陪着你。”帮助他说出感受，尊重他复原的方式，不急着要他恢复正常情绪。

（3）用肢体接触来表达对他的关心，如握住他的手、拍拍他的肩、拥抱他，身体接触有治疗性意义。地震引发的家破人亡，对幸存者而言，其主要的情绪体验包括恐慌（怕地震再来，余悸犹存）和哀伤（失去亲人）。而不论是害怕或哀伤，他都感觉非常孤立、无助、寂寞和难过。

（4）协助他从建构个人的每日生活作息中重获“掌握感”，从而恢复自信与自我概念。其做法非常简单，即在每日临睡之前，拟定次日要完成的五件事，这五件事中还要包括一件是帮助别人的。借着设定每日的生活目标，让他不容易从生活中脱离，也比较容易从伤痛中走出来。

（5）协助他评估问题，找出适当的解决办法，避免过度反应，如躁动、自残、酗酒等。若出现这些情况，协助他找到支持团体或有关的社会资源。

（6）帮助他完成告别仪式，通过亲手操办丧礼或写悼词等形式与逝去的父母亲告别。

四、老师如何对待这些孩子

1. 对学龄前的孩子

这个年龄段的孩子对他们身边的安全世界遭受破坏会显得特别敏感，反应也极为强烈，他们通常无法有效地通过语言口头表达自身的需求，而希望身边亲近的大人能给予积极和适当的安慰。建议通过开展以下一些活动，重建他们的安全感与自我效能感。

（1）给他们提供足够的玩具、道具，鼓励他们以游戏玩耍的方式重建在灾难中的经验与观察，同时得到情绪宣泄。灾区的教师可以就地取材，无须拘泥于真实的玩具，随处可见的石头、沙子、玩偶皆可以替代。

（2）多给予孩子拥抱和身体的接触，或提供需相互碰触的团体游戏，如“伦敦铁桥”、“大笼球”、“抱大树”等。

（3）给孩子提供绘画的机会，最好有一张较大的墙报纸，让孩子们一起在纸上尽情表达感受，之后再集体分享。需要提醒的是，画笔最好不是水彩笔，此时要鼓励孩子画出具体的东西。

（4）孩子这段时间的胃口可能并不是那么好，建议以少食多餐的方式给他们提供生理与营养上的补充。

（5）用一些不具危险性或低危险性的活动来鼓励他们玩自我保护的游

戏，如“假如家里突然停电了，应该怎么办?”

（6）告知家长，刚失去爸爸或妈妈的孩子，更依赖仅存的妈妈或爸爸，在孩子睡前要多安排一些睡前活动，以建立其更强的安全感。

2. 对学龄阶段的孩子

这个阶段的孩子虽已能表达他们的经验与感受，但往往缺乏具体且完整陈述的能力。此外，失去爸爸或妈妈，他们难过的心情也需要得到相当的重视与安抚。以下是一些活动的建议：

（1）对低年级的孩子来说，安排足够的玩具、道具，特别是一些布偶，鼓励他们以玩耍的方式重建在灾难中的经验与观察仍然相当重要。游戏可以让孩子们宣泄情感，灾区的教师可以就地取材，无须拘泥于真实的玩具，随处可见的石头、沙子、玩偶皆可以替代。

（2）给孩子一面墙（贴好墙纸），让他们在上面画画。可以给他们一些小主题，如地震时爸爸或妈妈发生了什么事？之后可以用集体讨论的方式让每个人讲述自己的经验。

（3）让学生编故事，可以用绘画或故事接龙的方式提高大家的兴趣。

（4）以脑力激荡的方式，让大家对失去爸爸或妈妈后的身心症状进行调适，学生可以想出许多方法来解决，教师在整理后应给予回应。

（5）可让丧亲的学生写一封信给逝去的爸爸或妈妈，把思念寄托在其中。

3. 对初高中阶段的学生

这个阶段的学生大都能充分表达他们的经验与反应，处于同伴认同的阶段，他们很介意别人的看法，并且认为自己已经成人，因此可安排以下的活动：

（1）让学生有机会抒发他们感受到的强烈情绪。教师可能需要在过程中不断向他们保证，他们所感受到的强烈情绪，甚至是“疯狂想法”在失去爸爸或妈妈后都是正常的。

（2）把班上学生分为几个小团体，让他们组成失落与悲伤互助团体，讨论如何处理亲人去世的伤痛及以后的生活，甚至是家园重建的工作，这可协助他们建立安全感，得到支持，并可以增加他们对生活的支配感，这也可以让他们建立自我成长和社会参与的成就感。

（3）设定专题讨论，如“告别失落”、“家庭重建”、“放飞梦想”等主题，让学生先系统地搜集数据，然后进行报告与讨论。

（4）以科学、求证的态度，正确认识地震，对大自然的现象作有科学根据的了解与认识，避免听信坊间的不实传言。

（5）认识“创伤后的心理重建”的意义与价值。这需要通过较为专业的教师进行专题演讲，或通过阅读专业心理学文章后进行讨论。

（6）通过艺术活动表达。可以鼓励学生开展绘画、音乐、话剧等活动，将这次的灾难经验和失亲之痛转化为创作素材。

五、同学该做些什么

（1）对丧亲者的情绪有所了解及接受。

（2）倾听丧亲者表达情绪；能用话语把情绪表达出来是最好的复原良药。身为丧亲者的同学，我们可以做的是倾听他们的叙述，听他们叙述灾难发生的经过、对逝去的亲人的思念，听他们要讲的一切。可以握住他们的手，也可以抱着他们的肩或头；不要急着给建议，让他们把情绪宣泄完。

（3）鼓励丧亲者表达自己的需要。

（4）提供支持和帮助。平时在学校和家里多陪伴他们，和他们一起学习和游戏，不要让他们因为亲人的去世产生强烈的孤独和被遗弃感。

（5）尊重和鼓励丧亲者，和他们分享资源，如音乐、卡通书等；开展固定的集体活动，大家一起参与，互相支持。

六、同事、朋友该做些什么

（1）无言的陪伴。无言的陪伴是丧亲者最需要的良药。很多人以为对丧亲者需要说一些安慰的话，让他觉得好受一点，实际上这是错误的做法，因为这时候你所说出的话，可能大部分是为了减轻自己内心的焦虑，对减轻他的痛苦其实不起作用。真正有用的，是你的存在及陪伴，对他们而言，无言的陪伴能产生极大的安抚作用。

（2）一杯温水。面对丧亲者叙述痛苦时，一杯温水胜于千言万语。手中感觉到热水的温暖及眼见你关怀的动作，这才是他们最需要的。

（3）一张纸巾 。面对丧亲者，最错误的做法是叫他不要难过，因为这可能只是你害怕别人哭泣而为自己说的话。假如你能够按捺自己内心的恐惧，给他一张纸巾，他会感觉被你接纳，终于有人可以让他大哭一场，心中的痛苦得以疏解。

（4）多听少说。打开你的耳朵，闭上你的嘴巴，用心倾听。

（5）说停就停。不要逼他们说，他们不想说就让他们停在那里；失亲痛苦的人承受不起别人再逼他。

（6）提供安全协助。灾后有许多实际问题要处理，可帮助收集信息，协助安排丧事，按他们的意见来安排。当他们思路不清、情绪混乱时，要给予具体的建议，甚至在他们的同意下，为他们作决定。

【我的心里话】

失去父母的悲痛都是不分年龄大小的。对父母的思念和痛苦会强烈到让你感觉快要疯了。不要压抑自己，发泄出来，周围还有许多关心你、照顾你的人，不要封闭自己，和大家一起渡过这个难关吧。

【“心”留言】

第三节　说好不分开
——当你失去了深爱的伴侣

一、失去了挚爱的伴侣，我们该怎么办

1. 了解和接受可能出现的感觉和变化——这些都是正常的反应

（1）情绪上恐惧、担心，害怕其他不幸的事降临自己或家人身上；迷茫无助，不知道将来该怎么办，觉得世界末日即将到来；悲伤，为爱人的死感到悲痛、难过、内疚，为没有保护好自己的爱人或是为自己的幸存感到自责；愤怒，觉得上天对自己不公平，觉得自己不被理解、不被照顾；失望和思念，不断地期待奇迹出现，却一次次地失望。

（2）身体和行为上疲倦、失眠、心神不宁、做噩梦、心跳突然加速、呼吸困难、注意力不集中、反复想到逝去的爱人、心里空虚、没有安全感。

爱人的离去带给人巨大的缺失和悲痛，出现以上的感觉和变化都是很正常的，要接受自己的这些感觉和变化。

2. 悲痛历程的各个阶段我们该怎么做——踩着悲痛的阶梯前行

对于逝去的爱人，悲痛是我们最普遍、自然的反应，不用去刻意压抑这种悲痛。悲痛是因为深爱着对方；爱得越深，悲痛就越刻骨铭心。悲痛是一个过程，包括三个阶段，虽然人们对悲痛的反应不同，但大多要经历这么一个完整的过程，只是所需时间不同而已。

阶段一：震惊、否认、麻木、回避。

这个阶段可能持续片刻、几天或者几周。在这个阶段，失去爱人的痛苦几乎淹没了我们的理智，但是，我们还是可以做一些事情来帮助自己度过这段艰难的日子。

（1）照顾好自己的身体，如果可以的话，吃一些流质食物，睡上一整夜。

（2）使自己习惯记录发生的事情。处于这个悲伤阶段的人经常出现注意力难以集中和记忆困难，随身带个笔记本和笔，记下当天的事情，使自己跟

悲伤以外的世界有所联系。

（3）把自己的需要清楚地告诉别人。如果你想自己单独多待一会儿或是需要别人帮助自己做些什么，都可以清楚地告诉别人。

（4）找个可以信任的、愿意倾听的朋友陪着自己。

阶段二：情绪混乱、恐惧、愤怒、内疚、抑郁、思念等。

处于这个阶段的人会很迷茫、困惑，各种情绪复杂、深刻又混乱，就像是在有很多炸弹会没有预警就爆炸的战场。这个阶段往往持续的时间比较长，我们可以通过以下一些方法来进行调节：

（1）不要隐藏你的感受，试着把你的情绪表达出来，并且让家人一起分担。

（2）有一个有同情心、善于倾听的朋友陪在身边能很好地缓解抑郁等情绪。

（3）向他人倾诉，以寻求他人的帮助，或者多花时间同别人待在一起。

（4）参加一些积极的运动，比如散步、练习瑜伽等。

（5）了解自己悲伤情绪的触发点，这些触发点包括一些地点、人物、时间和事情。尽量回避这些触发点，当然有一些是不能回避的，如爱人的生日等特殊的纪念日子，如果遇上这些不可回避的触发点，应尽量和亲人朋友一起有准备地度过。

（6）提醒自己，虽然在失去爱人的痛苦中自己是孤独的，但是还拥有朋友、家人和同事的关心和支持。

阶段三：接受、调整、重建生活。

经历了一段时间的悲伤，我们应开始学着接受悲伤的事实，进入调整期。这个阶段需要我们不断地努力调整，防止自己重新进入前个阶段。用钥匙打开悲伤的锁，寻找缺失的意义，以下几点可以辅助我们找到这些缺失的意义：

（1）开展纪念逝者的活动，可以是一些简单可行的活动，如种一棵树。

（2）和朋友一起收集关于爱人生平的剪贴簿，里面包括他或她的照片、信件、荣誉证等任何你觉得可以很好地纪念你爱人的材料。

（3）可以的话，花时间和精力参加一些志愿者组织，帮助其他人渡过难关。

二、亲人们该如何抚慰他们

（1）接受和尊重他们的任何情绪和行为反应，表示理解。

（2）多花时间与他们在一起，当他们愿意交谈时，做好聆听的准备，让其能安全、自在地表达。

（3）表达出你的关心和关注，有时肢体接触的效果很好，如握住他们的手，拍拍他们的肩，拥抱等。

（4）照顾好他们的饮食，陪他们一起散步、做运动等。

（5）陪伴和帮助他们一起纪念死去的爱人，如一起种树和制作剪贴簿。

（6）不要随便给建议，而是引导他们自己作出对以后的规划。对他们的规划给予鼓励和支持。

（7）在一些特殊的日子里，如节日、其爱人的生日和祭日，要提前做好准备与其一起度过。

（8）可以说这样的话，如“你一定会感到这痛苦永远无法忘记”，“你深爱的人不再痛苦，但我知道你在遭受痛苦”，“这对你来说一定很难面对”。

（9）有些话不适宜说，如“不要难过了”，“你深爱的人可以安息了”，“你还年轻，能够继续你的生活”，“你能够找到另一个人”。

三、同事、朋友们该做些什么

（1）尊重和接受他们的感受。

（2）不要表现出过分的同情、怜悯，因为这会伤害到他们的自尊。

（3）表达出你的关心和支持，有时肢体接触的效果很好，如握住他们的手，拍拍他们的肩，拥抱等。

（4）无言的陪伴往往也会有很好的效果。在他们想交谈时，做好聆听的准备，让其能安全、自在地表达。

（5）可能的话，花时间和精力陪他们散步、练习静修和瑜伽等。

（6）帮助他们重新找回自己的兴趣，不过要注意尽量避免做触发他们悲痛的事情。

（7）在工作或其他方面真诚地鼓励他们的表现。

（8）在一些特殊的日子，如节日、其爱人的生日和祭日，要提前做好准备与其一起度过。

（9）留意他们的情绪变化，如果出现一些比较严重的表现，如自杀倾向，请协助他们找到支持团体或有关的社会资源。

（10）平时交谈时引导他们用积极的思维方式应对生活。

（11）与其讨论改善生活处境的具体方法，从当下的小事情着手做。

【读读他/她的故事】

孙姐在地震中失去了丈夫。见到孙姐是在一家医院里，她当时是以一名志愿者的身份忙碌地安置着从其他地方来都江堰的灾民。她负责带我去给一个前天刚过来的一直不肯说话的小男孩做心理辅导。辅导结束后，小男孩肯与其他孩子一起做游戏了。

孙姐哽咽地对我说："谢谢你们，其实不光孩子需要你们啊……"说着把脸扭向了一边，用衣袖拭着眼泪。我连忙递上一张纸巾，拥着孙姐。孙姐说："你能陪我谈谈吗？这些天，我不断地让自己忙碌，尽量不去想，可是我憋得难受啊，像做梦一样……"我拿了张椅子给孙姐，在她身边坐下，鼓励她说下去。孙姐一下子就控制不住了，趴在我肩上大哭了一场。我轻轻地拍着孙姐，说："孙姐，你哭吧，把你压抑的痛苦都释放出来吧，我知道你已经憋了很久了……"孙姐一边哭一边跟我诉说："我老公他死了，地震前一天我们还在一起，地震那天他去了都江堰开会，可再也没有回来……他怎么就这么狠心丢下我，我们结婚才2年，叫我以后怎么过啊……结婚时，他还说要照顾我一生一世呢，可现在他不管我了，抛下我一个人……我是一个老师，地震那天我在一楼，跑出来安顿好学生后，就开始给他打电话，可电话那边一直忙音，让我一次又一次地失望，但我不想放弃。我想听到他的声音，我想听到他说：'老婆，放心吧，我没事！'但是一直等了两天都没有消息，到第三天他们单位通知我去都江堰殡仪馆……"我紧紧地握住孙姐的手，希望能给她多些支持。孙姐深呼吸了一下又说："真没有想到他竟然永远地留在这儿了……接下来的两天我不知道自己是怎么度过的，在家人的帮助下才料理了丈夫的后事。我总觉得自己像在做梦，是一场噩梦。接下来我想到了死，想着跟丈夫一起去天堂里接着做夫妻，可我一想到操劳了一辈子的父母，就连死的资格都没有了。那种失去挚爱的人的痛苦自己经历了，知道那种煎熬，实在不忍心叫父母去承受那种难以承受的痛苦啊！丈夫如果在天有灵的话，可能也是希望我能好好地活下去，去实现许多他还没有实现的愿望。丈夫死在了都江堰，我决定要去他最后去过的地方，希望自己能踏着他的足迹，感受他当时的感受，所以我来到了这里做志愿者。这些天，我每天都很忙，很多人都失去了亲人，他们都需要帮助啊，忙碌的间隙偶尔想到他，我就告诉自己他就在天上看着我做这些事呢，心里就会好受些。自从地震后，我发现自己变了很多。以前的我胆子很小，一条虫子都能把我吓得跳起来，可是现在我觉得自己不知道害怕了。有时我在想，是不是老公他把勇气留给了我。”我含着泪，狠狠地点了点头。说到这里，孙姐平静了很多。

平静了很多的孙姐开始跟我讲述他们以前恋爱时的故事，孙姐说：“那时候是他先追我的，他那个人吧，一点都不浪漫，人家都会送花，他只知道买书送给我。结婚一年来，他一直都很照顾我、迁就我。我不喜欢煮饭，他总是下班后立刻赶回来煮，有朋友嘲笑他是‘妻管严’，他却总是笑。现在我真后悔啊，他活着的时候很少能吃上我亲手煮的东西……”我陪着孙姐，听她讲述以前的美好时光，用这些来缅怀那位懂得珍惜、怜爱妻子的丈夫。

孙姐对我说：“你一定要好好地活着，好好珍惜你的爱人。”“孙姐，谢谢你，我会的，那你呢，以后有什么打算？”“不用担心我，我还有好多事情要做呢，这里很多人都还需要我，将来要重建家园。还有，我打算去新疆和西藏这几个地方看看。结婚的时候跟他计划着要去这几个地方旅游呢，一直忙，没去成，我决定自己去看看，回来把感受写出来，也以此祭奠我的爱人吧。”孙姐说这些话时脸上的表情平静而坚定。

【我的心里话】

面对挚爱的人离去，我们只有无奈。还有好多话没有来得及讲，还有好多事没有来得及做，可惜一切已成记忆。以前生活的点点滴滴还那么的熟悉，可现在我们却得学着去习惯和适应失去爱人的日子。这场灾难来得太突然了，它残酷地夺去了我们的爱人，我们猝不及防。

爱人离去了，留给了我们无限的悲伤。可我们挚爱的人如果在天有灵的话，可能会想告诉我们：爱人，请原谅我的离去，未来的路还很长，你一定要坚强地、好好地活下去。为了深爱着我们的人和我们深爱的人，让我们一起跟他们告别吧，以我们的坚强宣言和承诺来告慰爱人们的在天之灵。

让我们一起大声对逝去的挚爱的人说：

再见了，我的爱人，感谢命运让我们相遇，感谢你给了我爱情的甜蜜，我会好好活着，你会看到我重新鼓起生活的勇气。

再见了，我的爱人，我带上了关于我们爱情的记忆，虽然你再也不能出现在我的视线里，但我会好好活着，把我们的快乐延续。

亲爱的同胞们，希望坚强让我们战胜曾经的恐惧，希望时间让我们淡化悲痛的记忆。让我们携起手来，共同努力重建更美丽的家园。

【“心”留言】

第四节 我们是相亲相爱的一家人
——当你痛失其他成年的亲属

你深爱的亲人去世了。若说你的生活从此永远改变，可能都还不足以形容那种感觉。你的痛苦与愤怒是很强烈的，需要很长一段时间才能平息。从现在起一直到你能处理这种失落，你必须付出很多的努力与意志力，同时还需要支持你的人关心你、倾听你。

你现在对失去的亲人会充满思念，间歇性哭泣、心情起伏、失眠、恼人的回忆与梦境，这些悲痛的感觉与反应很强烈，常会让你怀疑自己是不是要疯了。其实这些都是遇到这类创伤事件的正常反应。

你或许在生命早期就有过类似的经验，曾经突然失去身旁亲密的人。如果有的话，你可以利用那次经验来帮助你渡过这次难关。每一个人都必须用自己独特的方式来面对这些令人害怕、痛苦的生命体验。

1. 常见的几种悲伤感觉

哀伤、失落，以及处理这些情绪、伤痛的过程，通常需要至少一年，甚至好几年。如果哀悼过程复杂，而且受到相关问题引发的压力而拖延的话，会需要更多的时间。以下情况可能是你现在的反应，也是你未来可能会出现的反应。当你经历疗伤过程的典型阶段时，这些反应会变得更加清晰。

（1）震惊与麻木。在一开始的时候，大多数人会感到深刻的麻木和茫然，有一些人用“身在迷雾中”来形容那种感觉。这阵“雾”可能会持续到你完成丧礼及处理完其他急迫的任务。

（2）回忆、混乱与否认。当“雾”逐渐散去之后，大部分人的情绪会开始陷入混乱状态。你被告知亲人死讯，或你最后一次见到亲人还活着的景象可能会不断重复出现，一些日常的情景、声音或味道都会勾起关于亲人好的或坏的回忆。这种回忆会持续数月甚至数年。你可能会梦到亲人或相信他将会“穿过大门走过来”，你甚至可能会否认他已经死亡。

最初你会经历波涛汹涌般的哀伤，并发现你无法克制哭泣。这些感觉会逐渐消失。你或许会感到恐惧，并担心你自己或其他亲友的生命安全，你可能晚上无法入睡，或在清晨难以起床，无法面对新的一天。

（3）沮丧。当了解死亡的事实时，沮丧通常会紧随而来，世界对你来说已经不具有意义，你曾经感兴趣的活动现在却是个沉重的负担，你会觉得没有理由继续活下去，生命没有意义，或者你会回避与他人接触。

在经历这些哀悼的阶段中，你会需要跟你信任的人谈一谈。他愿意倾听，并不会对你进行评判。这是避免卡在某一阶段的唯一方法。当你觉得需要一些支持时，别害怕去寻求心理咨询。

（4）罪恶感。每一个幸存者都会有“如果当时……”的遗憾，并且常会问“我为什么没有救活他呢？”“如果我当时跟他在一起就好了！”“我为什么不阻止他出去做？”……这些都是正常的反应。请记住，没有人能够预测未来或重新创造已消逝的人、事或物。每一个成年人都知道我们无法改变已发生的事情；相反地，儿童通常会认为他们的想法与行为是导致灾难发生的主因，即使这种想法非常的不合理。遭受创伤性压力的成年人，其心理通常会退回到儿童时期的模式，这就是你的罪恶感的来源。

（5）愤怒。有时候你会感到快要被愤怒所击垮，这些愤怒可能是针对政府、救灾人员、承办人、亲人和朋友，甚至是上帝（神明）。一旦人们体验并承认自己的愤怒，他们会有罪恶感。罪恶感是幸存者常经历到的另一种感觉。

注意，不要把遭受的痛苦当成虐待儿童、婚姻暴力或其他伤害别人的行为的借口。愤怒会驱使你，让你不知不觉地做出一些事情。无论如何，这是对于突如其来的严重失落所作出的自然反应。你的愤怒可能不会彻底消失，随着时间的推移与他人的支持，你会逐渐学会如何控制愤怒，甚至重新控制你的生活。

（6）报复。许多丧亲者会生平第一次想到要为了逝去的亲人而“向某人讨回公道”。有一些人对这种情绪感到很困扰，会担心自己是不是“疯了”。这其实是一个正常的反应，许多曾经与丧亲者晤谈过的心理咨询员都表示，很多丧亲者都会想到要报复。有这些感觉并不代表你就会去做、去实施报复行为。

其实报复是不明智的，恢复平静唯一的方法是宽恕，但也无须强迫自己。如果你心中能宽恕，那很好；但是如果你并没有想要宽恕时，也不需要有罪恶感。那些叫你要宽恕的人很可能没有经历过你这种创伤和痛苦。

（7）寻求信息。在灾难发生后，事实的真相对于幸存者或死者的家属及亲人是很重要的。你会想知道有关亲人死亡的相关细节，但是不见得所有问题都会有答案。一开始你会发现自己的焦点都是在一些细节上，但是当你开始接受亲人的失去时，这种执著就会消失。

你可以向负责处理灾难的单位寻求最新的信息，例如民政部门和救援小组可以提供这些信息。

（8）寻求了解与意义。你可能很想知道这个悲剧为什么会发生。当你在寻求答案时，你需要知道发生了什么事，是在哪里发生的，等等。去访查灾难发生的地点可以帮助幸存者解答这些问题。

2. 媒体议题

灾难发生后会有很多媒体进行报道，此时最好的办法是避免过于关注这些报道，因为媒体的报道很多都过于煽情，并非都是事实。你可能会在遭受灾难的初期接受电台或电视台访问。请注意，有些人曾经历过类似的情况，事后他们都很后悔曾接受这类媒体采访。

3. 面对他人的反应

你现在可能已经知道，社会中有些人之所以变得很孤立，是因为我们都害怕受伤与死亡。对于亲人与陌生人来说，让他们完全站在你的角度体会你的感受是很困难的。许多人很努力地去面对发生在别人身上的不好的事情，他们通常会把幽默当做一种防卫。你现在可以了解，为什么在悲剧发生之后会有一些不入流的笑话流传。

亲戚与朋友的另一种正常反应，是无法理解你处理事情的方法，于是就想批评你或控制你。事实上，我们每一个人都是一个独立个体，我们喜欢不同的食物，穿不同的衣服，以及选择独特的生活方式。因此，可以理解的是，在生命最痛苦的时刻，我们会用自己的方式来处理悲伤。我们选择如何处理悲伤的方式是取决于我们的传承（包括宗教、文化与家庭），社会对于死亡的看法，以及我们的人格特质与信念。

（1）家庭。当悲剧降临一个家庭时，你会很想把家人团结在一起，然而并非永远都能如此。在这类灾难发生后，很多家庭出现分裂，包括实际的分离和心理上的分离。此时，良好的沟通是非常重要的，请努力对家人以及支持你的朋友表达你的感受，和大家一起分担。

（2）朋友。当你受伤时，你通常还会向你的朋友寻求支持。但是，当灾难过后一个月、半年或一年，他们在哪里呢？通常他们已回到自己的生活中，无法随时陪伴在你身边，倾听你，尽管那时候你仍然想找他们谈谈。

当你提到死亡或有关内容的时候，他们会改变话题，许多人不想听到悲剧的细节，尽管对于幸存者来说，持续谈论细节是非常重要的。对于很多未曾经历这些事情的人来说，要谈论这么令人害怕的事情是很困难的。他们会担心自己说错话，或者面对对方激动的情绪时无法给出正确的回应。他们感到无望且无能。记住，你失去亲人这件事可能也对他们打击很大，因为他们发现，这种事会发生在你身上，也很可能会发生在他们身上，就如同你现在的状况一样。又或者他也经历了，也很痛苦而无法去面对。

你会发现与你熟悉好几年的人在街上或店里回避你，你的同事会假装没看见你，好像你突然变成了隐身人。这是因为他们不知道该说些什么，他们并不了解这样会让你感到被排斥。但事实上他们并非在排斥你。这种情况会增加你的悲伤，因为你现在不但失去了家人，还失去了好朋友。

对于这个问题可以采取几种方法来处理。例如，你可以不去理会这些没有准备好的朋友并不再与他们见面；你可以继续与他们来往，但是回避你最想谈的话题；你也可以直接向你的朋友提出这个议题，并试着公开且坦诚地与他们讨论；你可以把你的交友圈限定在那些已经准备好对你伸出援助之手的朋友。来自经历过类似事件的人（如前一次类似灾难的幸存者）的支持是相当有帮助的，他们理解你的痛苦，知道谈论它而非回避它的重要性有多大。

4. 面对生日、节日及其他特殊时间

节日、周年庆、生日等特殊的日子会令人很难受，特别是亲人死亡后的第一年。出于家庭传统与习俗，这些日子通常原本应该是全家团聚、一起共享的，当某位家庭成员永远不能在一起分享这些宝贵的时间时，这个特别的日子就会变成提醒你的痛苦和失落而非欢乐的时刻。

当第一次在亲人死后过节日或有纪念性的时刻时，你会如同经历噩梦一场。以前很快会被拆开的礼物，现在则会躺在那里好几天。新年或生日通常是为了“庆祝另一年的新生活”，现在则成为让你想起死亡的烦人日子，而不会再带来欢乐和笑声。

刻意地把过世的亲人加入到每一次的场合是有帮助的，例如，激发对他的回忆，为他敬一杯酒，替他许愿，假设如果他出现在这场合会说什么或做些什么，以及感谢他以一种不同的方式仍在继续影响你的生活，而不是克制、压抑对过世亲人的思念。

你会需要建立新的传统，例如，遇到节日时，出去旅游或去别人家过节，都是不错的方法。

对有些人来说，以逝去的亲人之名义，买一个礼物送给更不幸的人，可以给自己提供心灵上的慰藉。例如，在亲人的生日时，捐赠财物给慈善机构，或创立类似的新传统，这通常是相当有意义的，这种方式可以用来舒缓自己内心的感受。

没有一个简单的规则可以遵守，或是教你应该如何“度过”这些特别艰难的时刻。你会感到悲伤，你也有充分的时间用你自己独特的方式去疗伤。

【我的心里话】

生命的后半辈子就是结语。你的生命因突如其来的灾难而永久地改变，但是这个心理上的创伤并不是无法愈合的。有时候你会被一些生活中的小事所激怒，有时候你会发现以前曾认为是大灾难的事情，现在跟你的损失比起来显得不太重要了。你会发觉你可以走过来，并且活过了最惨最艰难的时刻。

【“心”留言】

【本章小结】

不要隐藏自己的感受，试着把情绪表达出来，并且让家人一起分担。

不要勉强自己去忘掉，把逝去亲人的回忆当作珍贵的纪念，时时用正面的说法开导自己。

保证充分的休息和健康的饮食，尽量保证有规律的作息。

学会告别：小朋友可以写一封信给最想念的人，把最想说的话写下来，或参加送丧的活动；成人可亲自参与葬礼丧事的操办，可以亲手写悼词，平日也可以写写日记。

面对未来：记下将来想做什么并去实现它；现在开始计划每天要做的事情，还要尽量去帮助别人。

亲人、朋友和同事在接受和尊重受灾者的情绪、行为反应的基础上尽量多陪他们聊天、阅读或者运动，聆听和积极引导他们，不要随便给建议和下结论。

教师可把班上的学生分为几个小组，让他们组成失落与悲伤互助团体。

鼓励学生开展绘画、音乐、话剧等活动，将灾难经验转化为创作素材。

可以和其他受灾家庭相互扶助。

没有办法很好地调节时，请别怕，我们还有别的路子可走，就是主动去寻求精神科医师或心理医师的帮助。

第六章　因为地震而身体残缺的人们，听我对你说……

第一节　锥心的痛
——地震夺去了我的手臂

一、我该如何面对自己

如果我在地震中失去了手臂，我将做些什么呢？

（1）了解自己的身体以及心理上的反应。如果你在地震中失去了双臂，你需要了解自己的一些身体和心理的反应，常见的有：

① 易怒：对周围的很多事情开始看不顺眼；别人说的话也会很容易使自己生气，甚至自己会无端地发脾气。其中有一些是自己发泄情绪的方式，例如，直接的发泄：拒绝服药，拒绝医护人员的护理，并伴随着自己对他们的言语攻击等；间接的发泄：对别人的一些与自己无关的事情横加指责，有时候会摔砸东西等。这时候就要考虑一下自己的性格是否较以前有所改变，反思一下或者问一下周围的人，记下自己改变的方面，列出一个清单，并标明哪些是合理的发泄情绪的方式，哪些是不合理的；哪些是对自己或者他人有利的，哪些是不利的。

我的性格晴雨表

我认为：一件事情做得多了会成为习惯，性格也一样！

我以前的性格：

我现在的性格：

我的情绪发泄方式：

归类：

合理的发泄方式有：

不合理的发泄方式有：

对自己或者他人有利的发泄方式：

对自己或者他人不利的发泄方式：

② 疲劳：自己在这么短的时间内经历了如此大的灾难，无论是地震时的情景还是震后大家抗震救灾的场面都提供了很多很多的信息，而这些信息都要经过自己大脑的处理。我们的大脑就像一个巨大的存储器，记录着视觉的信息、听觉的信息、自己身体的疼痛信息，还有身体与外界的接触信息。以视觉信息为例，英国作家和心理学家托尼·布赞认为："像大脑一样，眼睛的力量比我们所觉察到的要强得多。我们的每只眼睛有 15 000 万个每秒钟能接收数万亿光子的光感受器，仿佛'砰'地一下，我看见了一座山的景色，我能在一秒钟内把它整个摄入。"大脑不断地处理着这些比以往要繁杂得多的信息，再加上听觉的和身体痛觉的信息，我们的大脑比以往更容易疲劳。

另外还有食欲减退、睡眠减少、梦魇、悲伤、头痛、过度活动、注意力不集中以及酒或药的使用增加等常见反应。很多反应可能持续的时间较短，几天或者一两个星期就会过去，这些应该视为正常的反应；但是有些反应可能会持续很久，例如，失眠、抑郁等持续发展下去，就会给自己带来非常不利的影响，这时候要积极主动地向相应的专业人员寻求帮助。

（2）尝试回忆地震发生时的经历，包括自己听到的、看到的、身体的感觉，特别是自己的情感反应，并讲述给身边的其他人听。地震发生了，但是每个人的经历和遭遇却不尽相同，而且每个人的观察角度也不一样。对自己来说，对这些痛苦的体验是最深刻的，因此，当你仔细地回忆你的遭遇时，你的大脑会将它们汇编成一个长长的故事，这时，你需要跟别人讲述你的这个很长的故事。讲故事的过程中要多提一些自己的认识和心得，每次讲完后都要想一想对自己的遭遇的认识是否更加深刻了。事实上，在你讲这个故事的过程中，会更加理性地面对发生的一切，而且你会发现你的不愉快的体验随之渐渐淡化，你会发现你完全有能力去改变你的处境。

（3）与你的家人、邻居、同事和朋友保持联系。地震中，大家都饱经了灾难之苦，可能你的家人、邻居、同事和朋友都受到了不同程度的伤害。这时，你需要跟他们保持联系，互相谈心交流，互相给予对方支持和鼓励。家人、邻居、同事和朋友都是你的强有力的支持。虽然你在地震中失去了很多，但至少你还拥有他们，你要坚信：有他们的存在你就不会孤单，因为你们的心始终在一起。

（4）参加一次多人组成的晤谈。大家都经历了同样的灾难，因此很容易组成一个讨论团体。大家在一起活动或者讨论，彼此交流，特别是跟与自己有相似遭遇的人更容易沟通和交流，可以互相获得支持与力量。具体交流内容包括：大家怎样面对自己的遭遇，大家是否和自己有同样的感受，大家对未来是怎样设想的，等等。然后对比一下你是怎么想的，跟他们想的有什么不同，谁的更好一些。有条件的话，最好参加由专业心理工作人员组织并主持的辅导团体。

（5）给自己列出一个关于自身情况的表格。例如：

我现在失去的________________

我还拥有的________________

不能改变的________________

可以改变或完善的________________

我的近期目标是（可细化）________________

我的远期目标是（可细化）________________

二、亲人们如何对待这样的孩子或成人

1. 给当事人独处的空间和时间

当事人在面对自己的不幸时，可能在一段时间内表现出退缩，不愿意跟其他人讲话。在这个时候，要给当事人提供独处的空间，并尽量保证安全与舒适。

留给当事人一定的思考时间是具有建设性的意见，因为很多人都以不同的方式表达出了对他的关心、支持、安慰和鼓励。但是当事人接受的这些信息太多，短时间内未必能整理得很清晰，他需要静静地去思考和理顺。因为无论别人怎么说、怎么做，最终还是需要当事人接受了这些信息才能真正发

挥作用，任何人都无法代替当事人去想、去做。

2. 询问他人的身体感受或描述地震时自己的感受

若当事人在一段时间内仍表现出无法接受自己失去手臂的现实，最突出的表现就是情绪波动较大，虽然有回避他人的表现但同时又有希望他人陪伴的需要，这时候要多给当事人一些关心和支持，例如，可以询问他人的身体感受，也可以描述地震时自己的感受，在当事人描述的同时要给予情感支持。如果当事人是孩子，不能很好地去表达自己的感受，这时，亲人们对其要进行适当的启发，例如，把灾难和天气的现象做类比：乌云代表地震当时的气氛或者自己的心情；大风代表灾难的来临，等等。

3. 接受志愿者或他人的帮助

鼓励当事人接受来自配偶、邻居、社区成员以及陌生人的帮助。无论如何，当事人最终都要重新回到社会中与大众接触。如果当事人在乎自己的形象，那是因为他在乎别人对他的评价；如果当事人担心自己失去了出人头地的机会，那是因为他为自己不能比他人出色而失去了信心。这些感觉归根结底都反映了当事人与他人的关系和矛盾。试想，如果世界上其他人都不存在了，那这些苦恼又有什么意义呢？而如果他人对当事人实施帮助，他也能接受的话，就会建立一种信任和良好的气氛，这能增强当事人的人际交往安全感。暗含的信息是：虽然我失去了手臂，但别人并不会看不起我，仍然对我有信心。

4. 在鼓励当事人如何获得帮助的同时，还要鼓励当事人在力所能及的情况下帮助他人

当事人失去手臂之后，相应的是对自己以后生活的信心降低，自身的无能和无助感增强，这时需要当事人在给别人提供帮助的过程中，逐渐找到一种价值感和意义感，让当事人意识到：我还是很有价值的！从而让他在不断寻求意义感的过程中渐渐找到一种新的生活方式，重拾自己面对生活的勇气和信心。

5. 帮助当事人制订一个可以实施的活动计划，鼓励他每次完成一项任务

信心未必要从大事或大成就中获得，有时候是在做很多小事的过程中慢慢积累的，在实施每一件小的活动或任务的时候，如果能顺利完成，并且得到他人的肯定和赞赏，也是对自己信心的一个很大的鼓舞。

三、同学、朋友们如何对待这样的孩子或成人

1. 保持自己以往的沟通方式

保持自己以往的沟通方式，也就是说要保持一个正常的心态。注意自己的目光，不要长时间将目光停留在当事人的受伤位置，也不要频繁地将目光移到那个位置上。另外，不要鲁莽地去问当事人受伤的经过，除非当事人自己谈起。总之，表现要自然。

2. 畅谈难忘时光，设想美好未来

可以多和失去手臂的朋友畅谈一些以往在一起的难忘时光，或者大家对未来的设想。例如，相互约定大家一定要保持联系，互相帮助，齐心协力面对以后的生活，迎接美好的明天。这样的交流会使当事人感觉到自己还和同学、朋友们的心连在一起，没有被他们抛弃或者疏远，原来自己还是被大家关心着，还和以前一样，因此会增强自己对未来生活的信心。

3. 不要疏远残疾少年

如果失去手臂的是青少年或年龄更小的孩子，同学和朋友们在一起玩的时候，不要疏远这些残疾少年，这时候可以玩一些容易让他们参与的活动。另外，尽量不要设计对手臂有一定要求的活动。

4. 要积极保护残疾少年

身边的朋友或同学要积极地对当事人进行保护，包括保护当事人的人身安全以及自尊。例如，手臂对维持身体的平衡非常重要，所以当当事人身体失去平衡时，我们要迅速地察觉到并及时地进行搀扶帮助，切勿让当事人因为自己身体缺陷的原因而受伤，因为一旦事故发生，就会极大地打击当事人的自信心。另外，其他人的冒失行为或言语可能对当事人造成伤害，同学和朋友应及时给予提示或制止。

四、其他人应该怎样做

1. 注意自己的目光

不要一看到当事人受伤的手臂就显露出好奇的样子。不要把目光停留在他的受伤部位，如果事先不知道，看见后应立刻把目光移开；如果事先已经知道了就干脆不要去看。有的人见到陌生人，会习惯性地上下打量一番，这种习惯对于正常人来说或许没什么，但是绝对不能这样对待残疾者。因为他们本来就觉得自己手臂的残疾会影响以后的生活，比不上正常人的灵活和方便，这时如果有人盯着他仔细看，就会加重他们的心理负担，对他们来讲是一种无言的伤害。

2. 平时谈话要注意用词贴切

在平常的谈话中，要注意自己的用词是否贴切，时刻注意自己的谈话，尽量回避诸如“受伤”、“身体缺陷”等词语，更不要涉及“残疾人”等字眼。和他们交往，应该像和正常人交往一样，谈论的话题要尽量宽泛一些，如天文、地理、人文、科学、艺术、新闻、国内、国际等，使他们觉得自己仍然像正常人一样受到尊重，没有被大众排除在外。如果这些话题被提出来，在不能回避的情况下，就要多谈有关残疾人怎样扬长避短、奋发图强的正面事迹，以及社会各界对残疾人群体的关怀和帮助等。

3. 选择合适的方式和时机帮助这些失去手臂的人

以往人们看到这些行动困难的群体的时候总是不由自主地过去帮忙。例如，有一位失去一只手臂的人在解一条绳子，他熟练地将绳子的一端拿在手里，接着正准备用牙齿咬住另一端将它顺利解开的时候，后面过来一个小伙子，迅速地将绳子“抢”过来，并很快地将绳子解开了，正在小伙子准备接受他的谢意时，却发现这位残疾者满脸的不高兴，还显现出几分愤怒的表情。小伙子自然很疑惑：为什么自己热心助人反而没有被接受？事实上，残疾人都很要强，希望体现自己的自主与独立生活的能力。这时候，别人的帮助可能会透露出一种身体健全的人比残疾人优越的信号，从而引起他们的反感。所以在实施帮助之前一定要礼貌地征求对方的同意。对于上面的例子，小伙子可以走上前去，礼貌地站在一边询问：“您好，需要帮忙吗？”得到对方的同意后才实施帮助。

【读读他 / 她的故事】

为了梦想中的翅膀

——记失去双臂的青年彭强生

彭强生是一位失去双臂的残疾人，是西京职业学院2000届计算机应用专业的毕业生。他身残志不残，以超人的意志学完了计算机应用专业的全部课程，以优异的成绩毕业，现就职于宝鸡市一家私营企业，并利用自己所学的技术知识创建了“e 步网”。他热爱文学创作，曾经担任《雨花报》副主编，并在该报及多家报刊上发表文学作品20余篇。其学习、生活事迹感人肺腑，催人奋进。

1976年金秋，彭强生出生在陕西省凤翔县郭店镇一个普通的农民家庭。作为家中的长子，小强生自幼受到父母的百般宠爱，他的童年是在无尽的甜蜜中度过的。随着时间的推移，小强生长大了，而可怕的意外却降临在他的身上。1986年暑期的一个午后，年幼的他受他人诱骗在断裂的高压电线上荡秋千，被巨大的电流击打，甩出数十米。强生，一个活力四射的花季少年，从此失去了一双“飞翔的翅膀”。

残酷的现实使好学上进的小强生不得不离开学校，离开了亲爱的老师和同学们。在家中，他每天看着一块儿玩耍长大的伙伴们背着书包蹦蹦跳跳地跑向学校，小强生在羡慕之余，不止一次地跟着伙伴来到学校，偷偷趴在窗台前，入神地听老师讲课，听伙伴唱歌，有时会忍不住跟着念出声来……渴望上学的强烈愿望，使小强生咬着牙发誓一定要拿起笔来走进课堂。他先在父母的协助下，学着用脚指头夹笔，因为是坐着写字，加上脚指头本来就不灵活，他最终放弃了。接着他又让父母把笔绑在右臂仅存的残肢上，仍然写不出字来。在经过无数次摸索和实践后，聪明的小强生终于学会了用牙齿咬着笔写字，用残臂翻书的技巧，并坚持自己穿衣服，料理生活。最终，小强生读完了小学并以优异的成绩升入中学。因为中学离家太远，他开始了独立生活。为了实现在生活上真正的自理，小强生不知费了多少心思。后来，他巧妙地利用仅存的一只残臂坚强地反复训练，实现了学习、生活的自理，过上了正常人的生活。

1997年7月，高中毕业的彭强生参加了高考，因为临场发挥欠佳，再加上他用牙咬着笔答题太慢，试卷尚未答完时间就到了，高考自然失利。不甘心的他复习后重新参加高考，虽然又失败了，可他却成熟了许多。彭强生知道一个失去了双臂的残疾人在当今农村是无法自食其力的，只有继续深造，用知识武装自己才能走上自立之路。于是，他毅然辞别父母，孤身一人来到繁华的省城，开始了大学的求学之路。

他来到向往已久的西京职业学院，学校领导破格批准录取了这位意志坚强的特殊学生，并为他减免学费。他选择了自己喜爱的电子计算机专业，开始了大学生活。大学的生活是紧张而繁忙的，彭强生首先面临的困难是在没有双臂的情况下如何操作电脑。有关计算机操作原理和其他相关的书本知识，他都能靠超人的记忆力记在脑子里，可这些知识只有靠双手的十个指头来敲击键盘才能得以巩固，何况熟练地操作电脑是每个计算机专业学生必备的基本技能之一。于是，彭强生尝试着把笔插在粘带上去敲击键盘，开始的时候，因用力不稳，笔会滑下并按到其他的键上，只得删掉重来。别人一会儿就能掌握的技巧，他得用两天；别人一分钟打出50个字，他勉强才打出5个字。虽然差别很大，但毕竟自己能独立操作电脑了，彭强生激动得流下了泪水。

西京职业学院的老师和同学们对这个特殊的学生付出了他们的爱心和关怀，为了使彭强生能跟上课程进度，任课老师给他“开小灶”，对他视如己出，悉心指教；同学们也友好地从学习和生活方面给予了彭强生无私的帮助和鼓励，激发了彭强生战胜残疾，勤学苦练，不懈进取的雄心壮志。为了熟练地掌握敲击键盘的技巧，彭强生除了在课堂上勤学苦练外，还利用课余时间和节假日，在宿舍或校园的林荫道旁，一练就是几个小时。他的练习方法可谓独辟蹊径：用一张八开白纸，模拟键盘式样画上表格，标上字母，一有时间就拿出来随地铺开，在上面练习。被他敲烂的白纸不下百张，他操作的熟练程度也突飞猛进，赶上了同级学生一分钟打出60个字的优秀水平，受到了老师和同学们的赞扬。

彭强生在学好各门主课的同时，还积极参加学校的各项活动，刚进校门不久，由于发表过十几篇文章，彭强生被学校文学社选为校刊编辑部副部长，校刊《雨花报》的茁壮成长凝聚了他不少心血。彭强生在2000年被西京职业学院评为“三好学生”。

彭强生的事迹使我们相信，对一个不懈进取且拥有大学文凭的残臂青年来说，飞翔的梦为期不远，因为他拥有知识！

人，每走一步，就会留下自己的足迹，深的，浅的。

人，每前行一段，也会留下自己的路，笔直的，弯曲的。

没有人可以预测出自己未来的路，只有立足眼前，在历经磨难中步履蹒跚地走向自己的未来。彭强生的未来是美好的，因为他有着一个追寻翅膀的梦想，这个梦想，将为他生出一双翱翔的翅膀，飞向理想的天空。

www.xijing.com.cn/newspaper 2004-3-18 西京报

【我的心里话】

失去了手臂并不可怕，怕的是失去一颗进取的心。

【“心”留言】

第二节　比肢体的伤痛更深百倍的痛
——地震夺去了我的双腿

一、心灵的创伤何时才能痊愈

这场灾难太突然，一些人在医院里接受截肢，一些人在几次手术后还是要面对截肢，在和死神争夺时间的时候，在余震随时都会发生的时候，一些人甚至在倒塌的废墟中就接受了截肢……一些孩子开始发烧、说胡话、感到惊恐，无法入睡，一些人焦虑不安，烦躁、易怒，无法控制自己的情绪，一些人沉默少语、忧郁地把自己包裹起来不让人靠近，甚至有些人接受不了截肢后的自己，认为灾难太不公平，为什么就选中了自己，于是想到了自杀……心灵的痛楚是无法用语言描述的。这种深深的恐惧与绝望，是没有经历过的人们无法想象的。

这种痛苦我们无法体会哪怕是万分之一。手术前严重的肢体出血、疼痛及地震所带给人们的毁灭感和无力感让病人感到生命受到威胁，死亡正在逼近。这时，病人眼中充满痛苦和无奈，等到截肢手术过后，病人会悲伤，特别是当第一次看到自己的肢体发生巨大的变化时，会悲痛流泪，甚至会厌恶自己。病人有时会情绪波动，脾气暴躁，之后紧接着出现的是自卑情绪，这也是术后最容易出现的情绪波动。

术后初期，病人会有一段无法接受期。他们沮丧，而且社会地位越高的人这段时期相对越长。病人担心出血或感染，当病人接受现实开始配合治疗时，又开始担心伤口出血、感染和愈后不好等疾病。这个时候病人会比较娇气和易怒。术后可能会出现残肢疼痛、幻肢痛，3 个月后，当病人戴上正规假肢，幻肢觉、幻肢痛会逐渐消失。慢慢地随着伤口的愈合，心理的创伤也会愈合，但在重新回到学习、工作中时，对自己又是一个新的接受过程。有的病人会害怕出院，这时需要克服内心的不安和学会如何面对自己。

虽然经历了这么大的灾害，但毕竟能保全生命，病人如果能加强对自我情绪的觉察能力，加强营养，就能提高抗病能力。同时，积极参加社区娱乐活动，参加力所能及的工作，保持心情舒畅，定期复查，及时就诊并配合医生在饮食和锻炼上给予的指导，截肢者会逐渐接受躯体改变的事实，心理也会随之进入恢复期。

截肢者常出现的心理特征：

（1）恐惧绝望。病人担心成为废人，充满悲观和绝望感，从而拒绝接受事实，不肯配合治疗。

（2）抑郁悲观。病人看到自己失去患肢，感到悲观失望，不良心境导致行为异常，如指向医务人员的攻击性行为，固执抑郁，厌世，以致自杀等。

（3）多疑心理。病人由于依赖性增强和自信心减弱，对自己的能力表示怀疑，并且担心配偶或家人嫌弃自己，从而情绪低落。

（4）不适感。截肢后各种症状的敏感度都会增强，病人常感不舒服。不适感有时是局部的，有时是模糊不清的，在精神疲惫、心情紧张或惊慌恐惧时，病人可能会产生错觉，可表现为幻肢痛。

二、亲人们如何对待这样的孩子或成人

亲人陪伴在孩子身边是让孩子获得安全感的最好方法。截肢手术后，一些孩子的性格会发生变化，没有了笑容。这个时候不要试图用语言和他们交

流，因为没有人能真正体会他们的痛楚，从被困到被救出再到接受手术，在这个过程中，孩子的内心世界是我们无法推测的。所以，这个时候只是陪伴他们，用无声的语言把温暖、关心和安全感传递给孩子，这时孩子会用眼睛看，会用心灵来感受。当他们确实感受到温暖、关心和安全时，孩子会慢慢地把自己的心灵敞开。

接下来是鼓励。不同的小孩有不同的内心世界和表达方式，鼓励截肢小孩表达情感能帮助他们减轻心理痛苦。通过交谈形式把自己的苦闷倾诉出来对于小孩子来说可能比较困难，因此，家长可以采用绘画、玩橡皮泥、编故事等方式让孩子表达感情以减轻心理痛苦。比如，当孩子在绘画时家长可以这样引导："哦，你画了一个跌倒的小女孩，能告诉妈妈，这个小女孩怎么了？在她身上发生了什么？这个小女孩当时害不害怕啊？"孩子会在这样的交流中把自己内心的焦虑、担忧表达出来。同样地，在玩橡皮泥时家长可以问："孩子，你捏的是什么啊？能告诉我吗？哦，你在捏的时候有什么感受呢？"在编故事时也可以引导孩子表达情感："当时，有个小姑娘被困在黑屋子里，她害怕极了，当时她在想什么呢？后来她被救出来，接受了手术，她又在想什么呢？"

截肢的成人，因为生活环境和方式的突然改变，特别是还有其他亲人在这次地震中伤亡的，他们会失去之前生活的一些积极因素和人际支持系统。所以，亲人能在这期间做的是帮助他们迅速找到支持的因素，不可让病人什么都不做，要帮助他们做力所能及的事，亲人还可以让截肢者完成他确定能胜任的最大难度的训练任务，并监督其执行。这样，病人就会觉得即使接受了截肢手术，仍能保持对自己和周围的事物的掌控力，这可以增加他们对外界的控制感，从而有利于他们的心理恢复。截肢者身边的亲人可以让病人听音乐、看书，配合医护人员讲解假肢的使用情况，让截肢者多和戴假肢的病人交流，在交流中解除心理疑虑。

亲属是容易被忽视的人。临床护理工作常以截肢患者为重点及照护对象，忽略了亲属的各项心理、生理需求及感受，造成亲属的多项需求没有或仅部分满足，截肢者的亲属容易产生多种负面情绪。截肢者的朋友和社会其他人士应在照管好患者的同时，充分考虑截肢给其亲属带来的巨大冲击，也应多关心截肢患者的亲属，对其进行及时有效的心理疏导，真正体现人性化的关怀。

三、同学、朋友们应如何对待这样的孩子或成人

生活中，当我们看到朋友遇到痛苦时，常会不由得陷入他们的痛苦中，同情他们的遭遇，却常常忽视了对方是否需要这样的同情。你体会到他们的不容易就行了，但请记住他们是不需要同情的，他们需要的更多的是接纳、包容，然后依靠自己的力量重新站起来，因为接下来的现实生活还是必须由他们自己来面对。外在的安慰，可以给截肢者信心和力量，但过度的情况下，也会导致他们的“伤口”被一次次地揭开，诱发他们的激动情绪，他们的内心会被压迫得难以承受。

同学、朋友可以做的事：

（1）尽早协助截肢者开始其心理康复工作。这包括对截肢者心理状况（思想、情绪）的了解，要了解截肢者面对残疾现实时有哪些合理的想法，有哪些不合理的想法；通过仔细分析和鼓励，引导他们看到希望和前途，改变一些他们常有的对事情的绝对化要求，从而，让截肢者懂得只有实事求是，看问题不走极端，才能增强信心、减少失望。

（2）要让截肢者尽早地了解一些有关假肢装配和截肢者康复的知识，特别是要了解康复的含义不仅仅是健康的恢复，更应当是能力的恢复。康复的目的是能最大限度地发挥自己的潜能，回归社会。为此，除了给截肢者介绍一些有关图书、幻灯片、录像资料外，还可以让截肢者了解和结交一些已经成功地回归社会的截肢者。榜样是有说服力的，能够增强截肢者的信心。

（3）尽早地协助他们安装上临时性假肢，早期下地，这样不仅能防止卧床并发的许多疾病，促进残肢定型，有利于正式假肢装配，更重要的是对截肢者的心理康复十分有利。

（4）鼓励截肢者积极参加物理治疗、作业治疗、文体活动，能分散截肢者对某些困难问题的过分注意，能安抚截肢者抑郁和焦虑的情绪。

（5）鼓励截肢者积极参加残疾人的群体活动。目前，我国各地区残疾人联合会的残疾人之家和各地社区康复机构都经常组织一些残疾人活动。与同命运者共同讨论、交流经验、互相鼓励，对发扬每个残疾人自强不息的拼搏精神和帮助残疾人回归社会是很有帮助的。

四、其他人应该怎样做

灾后一批又一批官员、媒体、志愿者涌向医院看望截肢者，我们奢望“在某一个瞬间”、“一次性”地解决所有的问题，但这只是我们的愿望，却不是现实生活。除了短期的热情，更重要的是长期的心灵陪伴，在现实生活中要持有这样的态度，让截肢者回到我们身边，回到他们曾经学习和工作的岗位。不要给他们太多急切的关注，让他们慢慢地适应，允许他们有不良情绪，充分的尊重和理解才是长期心灵陪伴最需要的态度。

“剩下的就是怎样活的问题了，这可能不是在某一个瞬间就能完全想透的，不是一次性能够解决的事，怕是活多久就要想它多久了，就像是伴你终身的魔鬼或恋人。”这是一位残疾者对于生命切身的感悟，对于灾后截肢的人来说，何尝不也是如此呢?

史铁生的《我与地坛》一书中有这样一位母亲，她理解儿子的苦闷、孤独，也担心儿子独自出门危险，可是她说：“出去活动活动，去地坛看看书，我说这挺好。”因为她懂得，“反正我不能不让他出去，未来的日子是他自己的”。是的，灾难就是灾难，痛苦就是痛苦，任何的安慰都无法完全遮掩。要给予截肢者发自内心的尊重，请记住他们不需要同情，他们需要的是心灵的陪伴、鼓励和长期的支持。

【鼓励资料】

美国的丹尼斯·奥勒尔是个小腿截肢者，百米跑跑出过 11.73 秒的好成绩。加拿大的台瑞·弗克斯因肿瘤而截去了大腿，他带着大腿假肢以每日约 48 千米的速度横穿加拿大，创造了全程 5 300 多千米的超长马拉松纪录。北京的刘京生双侧肩部以下的上肢全部截去了，他利用肩部支架从事写作，成为我国著名的铁臂书法家。我国的刘玉坤、孙长亭、张小铃等优秀残疾人运动员，不但在赛事中取得了优异的成绩，而且绝大多数都建立了美好的家庭。假肢功能是有限的，但人的创造力、潜能是无限的。

【读读他 / 她的故事】

李丽　湖南张海迪

女，45 岁，衡阳人，1 岁患小儿麻痹症；40 岁时再遭厄运，无情的车祸让她下半身完全瘫痪，从此与轮椅为伴。

在多舛的命运里，她没有怨天尤人，而是选择了一条向社会传播爱心之路。

她创办了“李丽家庭教育工作室”和公益网站“丽爱天空”，长期从事公益事业和青少年心理教育工作，先后深入省内外100多个学校、企业、社区、监狱义务开办家庭教育和心理健康教育系列讲座，听众达10万多人次；帮助近百名厌学孩子重返校园、数十名中学生戒除网瘾，为近万名学生树立自信。她还成为很多服刑人员的“偶像”，被人们誉为“感恩天使”、“湖南的张海迪”、“中国的海伦·凯勒”。

几乎与生俱来的残疾，无休无止的手术，突如其来的下岗，创业的失败，身心劳累导致的病痛，与死神擦肩而过的车祸……上天似乎要用太多的苦难考验李丽，而李丽也选择了毅然面对。在“五落五起”的人生里，她最后坐在轮椅上开创出了自己的事业。她相信，“只要活着，一切皆有可能”。

不幸从1岁时开始，那一年，小儿麻痹症致使李丽双腿严重残疾，腰肌以下无力，两条腿像煮熟的面条。家人为李丽设计了一张围椅，围椅两边扶手上各有一个圆洞，一根小圆木从两洞间穿过，这样可以卡住围椅上的小李丽，防止她摔倒。李丽的整个童年就是在这张围椅上度过的。李丽7岁那年，父母在泪水与叹息中作出决定：带女儿去解放军驻长春208医院治病。泪水中的李丽暗下誓言：“送我去吧，治好了腿能够像‘人’一样站起来，给你们做好多好多家务!”经过一年多时间的治疗，历经200多刀，在数块钢板的支撑下，8岁的小李丽第一次站了起来，并艰难开始了人生的第一步。

在伙伴们的帮助下，李丽读到高中毕业。因为身体残疾，李丽未能参加高考。她调整心态，开始练习写作诗歌、散文、随笔，还学会了缝纫、绣花、织毛衣等手艺。人不能就这样过一辈子！李丽瞒着父母，拄着拐杖，一家家单位去应聘，苦苦哀求有关负责人：“给我一份工作吧！我腿残疾了，但我有聪明的大脑、善良的心灵和灵巧的双手，我会用最好的工作表现来报答你们的。”1982年，李丽终于成为一家汽车改装厂技术科的描图员。在单位，李丽以自己的坚强、聪明与勤奋赢得了认可和尊重，她先后担任团支部宣传委员、工会宣传委员等职。时任湖南省委书记的毛致用在接见李丽时，称赞她是“湖南的张海迪”。

1991年初，单位经济效益每况愈下，李丽下岗了。无奈之下，她买了台旧式机械打字机，在家里做起文印业务。但时隔不久，随着电脑迅速普及，她那种老式打字便没了业务，每天只得靠卖水饺、摆烟摊艰难度日，窘迫时，连买酱油的钱都没有。一次偶然的机会，李丽看到一则邮购毛衣编织机的广告，就花了1 000多元买了一台，并从书店买来有关书籍进行学习。由于她心灵手巧，毛衣样式设计新颖，产品十分抢手。可好景不长，由于纯手工生产产量低、利润少，在江浙成品毛衣的冲击下，李丽的生意一落千丈。这时，受手术留在她体内的钢板和整日劳累的影响，她又多了胃炎、肩周炎、脊椎骨弯曲等病，常常疼痛难忍，彻夜难眠，她最终不得不放弃毛衣编织。

不甘失败的李丽和丈夫商量后，于1993年借钱经营起一家石化燃料经营部，随后在1995年又借资40万元，收购了衡阳市郊一家即将倒闭的小型加油站进行更新改造，生意日渐红火。1998年夏天，操劳过度的李丽受病痛折磨时又患上了失眠症，怕药物影响智力，她想到了啤酒，从不喝酒的她那一个夏天喝了整整50箱。1999年，夫妻俩投入300万元扩大经营规模，在原址兴建了一个集加油、住宿、餐饮、商场、停车为一体的大型加油站，扩招了10多名残疾人和下岗职工子弟。然而，1999年下半年开始，国家对燃料市场进行宏观调控，油站无进销差价，效益一路下滑，夫妇俩多年的心血付之东流。这次失败，让李丽想到结束自己的生命，她曾来到黄河边准备投身浊浪，但最终坚强地活了下来。

在逆境中再次崛起。2001年9月，李丽与深圳一家园林公司合作，成立了衡阳市高夫绿园林园艺有限公司。没有钱，找亲戚朋友借，没人才，从美国请来设计师。凭着诚信与热情，李丽渐渐成了当地小有名气的女企业家。

正在事业蒸蒸日上之时，命运再次捉弄了她。2002年5月，李丽从郴州出差回衡阳，途中不幸遭遇车祸。一台呼啸而来的货车迎面撞上李丽，她的身体多处被撕裂，持续流血不止，身体里仅剩下2 000克血。虽然活了过来，但车祸剥夺了李丽原本还能拄着拐杖走几步路的权利。伤好后，李丽坐在轮椅上仍然坚持着工作。

2003年4月，李丽坐着轮椅去衡阳市雁南监狱洽谈业务，她自强不息的精神深深打动了监狱的领导，于是邀请她为服刑人员讲课。当李丽讲完自己的人生故事后，服刑人员都被震撼了，随后纷纷给李丽写信。在了解到写信的服刑人员70%是未成年人，并且大多是由于家庭教育不当而误入歧途时，李丽决定探寻一条科学的道路，帮助家长正确教育孩子。2005年，李丽自费8万多元，踏上了到北京师范大学的求学之路。由于经常学习，李丽无暇顾及园林公司的经营，造成了公司部分项目的亏损。李丽决定放弃自己苦心经营并在当地小有名气的公司，一心投入到家庭教育工作中去。在北京师范大学完成学业后，她创办了“李丽家庭教育工作室”，以免费和适当收费不为赢利的形式，帮助那些迷途的少年和他们的家长，关爱那些稚嫩的心灵。虽然，现在身体里还有6块钢板，全身伤疤达270处之多，常常要工作到晚上10时，但在传播爱的路上，李丽认为自己重新找到了人生的航向。

与坎坷命运抗争，为人生价值拼搏，寻寻觅觅走过风雨，跌跌撞撞踏过泥泞，有谁能看出李丽的脆弱？但李丽自己知道：“我是个女子，我也有脆弱的时候，虽然，我很少为自己流泪。”在记忆深处，李丽永远记得自己的两次哭泣。哭泣，让一般人得到的只是更长时间的沮丧，李丽却从中发现了生命成长的力量。李丽读初中的时候，看着身边女同学都能穿着漂亮的高跟鞋跳舞，可自己却连穿上布鞋都是奢望，心里沮丧极了。细心的妈妈看出来了，问她：“丽丽，是不是不能穿高跟鞋很难过啊？”李丽积累多时的委屈一下爆发出来，痛哭流涕。“哭就可以穿上高跟鞋了吗？”妈妈平静的话让李丽无语，“没有关系，我教你做鞋子。”妈妈接着说。接下来，李丽跟妈妈学做鞋。不久，她就穿上了自己亲手缝制的用男式皮鞋“改装”的漂亮皮鞋，在同学面前也神气了。“现在想来，妈妈那句话讲得太好了，那句话告诉我：既然逃避不了现实，就要勇敢面对现实，哭没有用！”李丽说。2000年加油站倒闭后的最初一个月里，李丽痛苦万分，把自己关在家里，喝醉了就哭，哭累了就睡，睡醒了又喝，最后竟然想到结束自己多灾多难的生命。为了死得风光一点，李丽一路奔波，在一个黎明前来到黄河边。就在她准备投身到浊浪之中时，一轮红日在东方喷薄而出，光芒四射中，李丽猛然感受到了一种生命的力量，回头决定东山再起。李丽感慨：“那时，河水连天，惊涛拍岸，看着那轮红日，我感到了一种生命的战栗，创业失败了，但只要人在，又有什么不能重新开始的呢！”

李丽语录：

①把挫折当存折；把苦难当享受；把失败当财富；把残疾当资源。

②人生输得起的是金钱，输不起的是心态。

③追求永不放弃，就会有成功。

④一个人身体残疾并不可怕，可怕的是心理的残疾。

⑤既然逃避不了现实，就要勇敢面对现实。

【我的心里话】

在走访医院的过程中，常常有这样的感受，在灾难发生前乐观、积极解决问题的人，在灾难发生后，即使面对失去双腿的残酷现实，他们在短暂的痛苦、绝望、迷茫后也会慢慢地接受现实。作为截肢者身边的亲人、朋友、同学和社会上其他的热心人士，我们能做的就是陪伴他们，帮助他们度过艰难的手术、康复和重回社会的时期；并在随后的日子里能真正做到对他们的尊重、认可和关注。因为接下来还是需要截肢者依靠自己的力量重新在心理和身体上站立起来，这很难也很苦，但我们会在一起彼此给予支持和力量。

【“心”留言】

【本章小结】

（1）如果我在地震中失去了手臂，我需要：

①了解自己的身体以及心理上的反应。易怒、疲劳、食欲减退、睡眠减少、梦魇、悲伤、头痛、过度活动、注意力不集中等。

②尝试回忆地震发生时的经历，包括自己听到的、看到的、身体的感觉，特别是自己的情感反应，并讲述给身边的其他人听。

③与家人、邻居、同事和朋友保持联系。

④参加一次多人组成的晤谈。

⑤给自己列出一个关于自身情况的表格。

（2）亲人们如何对待这样的孩子或成人？

①给当事人独处的空间和时间。

②当事人在一段时间内会表现出回避他人与希望他人陪伴的矛盾心态。

③接受志愿者或他人的帮助。鼓励当事人接受来自配偶、邻居、社区成员以及陌生人的帮助。

④在鼓励当事人争取获得他人帮助的同时，也要鼓励当事人在力所能及的情况下帮助他人。

⑤帮助当事人制定一个可以实施的活动计划，鼓励他每次完成一项任务。

（3）同学、朋友们如何对待这样的孩子或成人?

①保持自己以往的沟通方式，也就是说要保持正常的心态。

②可以多和失去肢体的朋友畅谈一些以往在一起的难忘时光。

③身边的朋友或同学要积极地对当事人进行保护。

（4）其他人应该怎样做?

①注意自己的目光接触的方式。

②在平常的谈话方面，要注意自己的用词是否贴切。

③选择合适的方式和时机帮助这些失去肢体的人。

（5）本章除了介绍截肢者本人的心理历程之外，还较为详细地介绍了一些截肢者亲人、朋友和关心他们的人该怎样做好陪伴工作的方法。其实方法和技术都不是重要的，重要的是一颗真正尊重他们、理解他们的心。

第七章　被地震夺去财产的人们，听我对你说……

第一节　当我奋斗多年的成果瞬间化为乌有

一、我该如何面对这突如其来的打击

1. 承认"受了伤的自己"

在灾后的这段时间里，我们每一个人都受到了冲击，或多或少我们都会有些不好的感觉，看着自己辛苦建立起来的家业毁于一旦，曾经奋力打拼下来的公司没有了，曾经一砖一瓦盖起的房屋没有了，而家园重建的任务又是如此的艰巨，还有将来子女的教育该如何解决？种种事情，无一不让人们心酸落泪、焦急无措。因而，当事人吃不下、睡不好，悲观厌世，无心工作。

对于一个要承担很多责任的成年人来说，接受自己的痛苦和脆弱其实并

不容易，总觉得自己有太多的责任，总觉得自己是成年人，要坚强，所以，拒绝面对和接受“受了伤的自己”。其实，我们处在这么大的危机中有这样的心理反应是很正常的，请千万不要觉得自己不应该这样，因为我们真的承受了很大的压力，而且我们真的有这样的感受。

2. 给自己疗伤的时间

痛苦是确实存在的，经历过这样的痛苦，谁都需要时间来缓和。着急是正常的，担心也是正常的，但是，请放慢脚步，不要急着让生活回复正常，我们首先必须学着处理眼前的问题。请给自己的心灵一些时间和空间吧，不需要将责任全部拿到现在来扛。现在，请给自己一杯茶或一支烟，一点闲余的时间，一个人坐坐或者和朋友聊聊天，暂时离开那些痛苦，照顾一下自己的心灵。

3. 诉说可以将痛苦减半

不知道你是用哪种方法来消除这种不好的情绪和感受的？我想有些人可能会与周遭的家人、朋友讨论或分担，有些人可能会请心理辅导人员帮助，能“找到适当的对象来诉说”是很好的压力因应的方法，请你尽可能地找到适当的对象去谈、去寻求支持源。

有时候我们即使内心非常痛苦也总是选择一个人默默承担。但是有时候讲给别人听的话，就会意外地发现自己的心情突然一下子好了起来，即使不是和盘托出，但“说”这一举动便能使自己心情开朗许多。

有时候人们会觉得：“大家看起来很忙，向他们寻求帮助，会不会给人家添麻烦呢?”其实在许多时候，朋友或是身边的人已经或多或少地感觉到了你这种极度痛苦的心情，或许是虽然注意到了，只不过没说出来，只在自己的心里担心一下罢了。和朋友们聊聊，让他们放心，自己也宽心。

4. 寻找发现自己的优点

通常在一个巨大的灾难之后，我们会变得很散漫、无法专注起来，我们想要与每个人吵架，但最糟糕的事情是我们以为这样的情况会一直持续下去。其实，这不是真的。你是一个重要的人，更是一个有独特价值的人，即使你感觉不好，或是无法表现得很好，即便是像地震这么重大的灾难也不会改变你及你的价值和优点。你就和以前一样独特，拥有许多的优点。你只是需要改变你的行为，让自己回到过去的状态。外在的环境不能回到从前，但我们的心态是可以调整的。将自己的优点写下来，这些优点就是大家经常夸赞你以及你总是做得很棒的事情。

5. 调整状态，从身体开始

心情很糟糕的时候，越是想要改变现状，越容易自责、做无用功，以致走入死胡同。这时，可以从改变身体这一简单方式开始。通过身体的运动，可以调整自己的状态，包括生理的和心理的。想要自己心情平静，可以先减少自己的活动。想要整理自己的心情，可以只从整理房间开始，打扫一下周围的环境，慢慢地精神就会好一些。还可以找人一起做体操或散步，其他的比如做深呼吸、大声地唱歌、洗手、刷牙之类的身体运动也行。

6. 确立目标，循序渐进，自我检查

如果你还是不喜欢找人倾诉或者找不到适当的对象，只能靠自己来面对，在这里提供给你一个简单的方法，或许你可以自助式地检查自己、帮助自己。

找一张纸和一支笔，将自己对下面问题的回答写在纸上。

步骤如下：

（1）请在纸上写下：此时此刻，自己“想要达到的”是什么?

（2）请写出：自己现在“正在做的”是什么？

（3）请回答：“正在做的”可以达到“想要的”吗？如果答案是“否”，那请你想想有没有其他的方法；而如果答案是“是”，就请你进行下一步骤。

（4）制定实际可行的步骤。步骤越细致、越明确越好。

（5）把自己的计划告诉朋友，让他们督促自己完成。

二、亲人们如何抚慰这样的亲属

灾难发生后，虽然我们不能代替亲人承受这种巨大的痛苦，可是，我们可以陪在他们身边，支持他们，倾听他们，接纳他们。这个时候，除了他们自己的调适，你的陪伴或许是他们最大的安慰。

1. 真诚地倾听，提供情感支持

不要阻止他说出自己的感受。不管他说什么，那都是真真切切的感觉，苦心打拼的一切都没有了，上有老人，下有孩子，他的责任多重啊！敞开你的心房，聆听他的故事吧！不要急着给建议，而要让他把想说的话说完、想表达的情绪宣泄完，然后给他提供情感上的支持，让他觉得自己是被理解的。

2. 默默地陪伴，从细节中体现你的关怀

他或许很难过，不想说话，那就不要逼他，默默地坐在他的身边，或者拍拍他的肩膀、握握他的手，关注着他。或许可以端上一杯温开水，在他哭泣的时候，让他尽情地哭诉，可以递上面巾纸，让他感觉到你的真诚的存在：虽然奋斗多年的成果没了，但还有亲人在！

3. 伴侣间的相互支持

这个时候，作为夫妻，请不要相互埋怨与责备，这不是哪个人的错误，这是一场无法预料的灾难，每个人都已经尽力了。生活还要继续，我们要共同鼓劲、打气，一起找出目前能做的、适当的解决方式，走出这个阴影。

4. 鼓励其走向未来

当他的情绪稍微得到缓解的时候，可以跟他聊聊别人，最好是跟他情况相似的、慢慢走出灾难的阴影重新开始生活的人，让他自己体会到，生活是要向前的，不能只停留在过去，并为自己的未来作一些打算，然后逐步地去实施。

请注意，你还可以协助亲友找到支持团体或有关的社会资源，避免过度反应，如躁动、自伤行为、酗酒等，若出现这些情况，请找专业人员来处理。

三、救助者们如何帮助他

他们的奋斗成果已经被摧毁，所有的财产可能都没了，救助者不能保证把这些统统拿回来，就像大灾难没有发生一样，或者说让他们在短时间内继续奋斗，重新获得这些东西。我们只能做些力所能及的事情，让他们好受些，帮助他们重新树立生活的信心，重拾希望。

（1）地震过后，他们的吃、穿、住可能都是问题，应及时通过相关的组织确保把政府赈灾的财物送到灾民手中。

（2）帮忙把救灾物资，如水、食物、衣服等尽快运到，让他们觉得虽然灾难发生了，但是好多人在关心、关注着他们。

（3）深入了解他们需要什么帮助，并作好及时向上级汇报的工作，以提供有效、快速的救援与帮助。

（4）提供一些实际的帮助，如清理东西、帮忙照看孩子、倾听他们的心声，同时询问他们你能为他们做些什么，让他们觉得自己不孤单，有人在身边陪伴。

（5）鼓励当事人在媒体和志愿者离开后，主动去帮助他人，告诉他得到和给予的这些点滴之恩会让人们觉得温暖，有利于维持重建过程中的士气。同时帮助他们制订一些切实可行的具体计划，比如近期要做什么，怎样去做，尽量详细具体，以减轻他们的茫然感，让他们知道从何做起。

（6）在倾听时，不要动不动就提供答案或问题的解决办法，有时他们只是想找个人说说话，表达一下自己所受的伤害，希望有人理解。

（7）用语言和行动表现关怀，比如，友好地搂搂肩、几句支持和鼓励的话。有时候，这些细节反倒让他们感受到更多的温暖。

作为专业的心理援助人员，还要做到：

（1）心理救援不同于平时一般的心理咨询与治疗，它更为主动，援助者要以熟练的干预技巧介入问题，而不是等着他们来求助。同时，也要放低姿态，在这里，你就是一个爱听故事的小孩，让他尽情地讲他的故事给你听，最终有助于他找到自我并让自我强大起来。

（2）以日常聊天的形式先建立信任关系，并在话语中捕捉一些信息，简单地对他作个评估，然后确定接下来要如何处理。

（3）倾听、同理与回应：营造一个轻松、信任、关怀的情境让他尽情地诉说，使哀伤或其他的情绪得以宣泄，并提供情感上的支持与帮助；若他感到紧张，运用一些“放松技术”，帮助他消除焦虑和恐惧情绪。

（4）情绪稳定后，帮助他接受不能改变的事实，致力于那些我们可以改变的事情，比如今后的生活；并协助他从这次经历中去领会或发现一些正面的积极因素（亲人的关怀，政府的救助，人民的爱心），以激发他们继续生活的信心和勇气。

（5）探寻由灾难导致他们产生的消极和歪曲的认知，帮助当事人形成以现实为基础的合理的认知，恢复其理性信念。

（6）保持敏锐的洞察力，一旦发现当事人的异常状况或超出自己能力范围的个案，要做好应急措施和及时转介工作。

注意：

（1）不做对方难以承受的事，不说对方难以承受的话，正确的行为和言辞也需在合适的时间、地点去做和说。

（2）不要把自己的意识形态和价值观强加在任何一个当事人身上。

（3）在心理援助过程中，是你要“穿着他的鞋，去走他的路”，而不是按你所设想的思路进行整个干预活动。

（4）要耐得住寂寞，当当事人不愿表达时，要静静地陪伴他，并从细节中给予他真诚的关怀，这样他可能会敞开心扉。

四、孩子如何抚慰这样的爸爸妈妈

1. 在自己精神许可的情况下，和爸爸妈妈讨论这次灾难

经历过这次灾难，我们每个人都会有一些不同的经历、不同的感受。在自己可以接受的情况下，可以和父母谈谈这些经历。不用刻意地去回避，面对它们，会发现它们在之前所形成的阴影并不如大家想象得那样可怕，特别是在家人的团结面前，恐惧会一点点退缩。

2. 和爸爸妈妈一起回忆曾经在一起的美好时光，比如自己小时候的事情

记得自己小时候的事情吗？哪一次家人在一起的时候是最开心的？哪一次自己因为偷懒不写作业而被罚？和父母一起回忆自己成长的故事吧，回忆之中，会发现原来我们曾经也经历过很多艰辛磨难；回忆之中，会觉得大家现在还能拥抱在一起真的很好。不论对父母还是对孩子，这都是一个心理按摩的过程。

3. 告诉爸爸妈妈，我在你们身边

孩子是父母的宝贝，有孩子在，就有希望。给辛劳的父母一个拥抱，经常握着他们的手，还可以告诉爸爸妈妈：“我们在一起，我们还可以紧紧拥抱。”互相团结鼓励着往前走，我们就是彼此的力量源泉。

4. 对于发生的一切和父母所感受到的痛苦表达你的悲伤

悲伤的情绪存在的时候，即使回避，它也仍然存在。对爸爸妈妈表达出自己的感受，可以让自己心里的感觉得到释放，也可以让父母的感觉得到支

持。作为习惯了防备的成年人，可能只有在自己最亲的人面前，他们才愿意卸下防备，才能流露自己真实的情感。告诉爸爸妈妈："我很难过，我想，你们也和我一样难过。"这时，不要忘了拉住他们的手或者给他们一个拥抱。

5. 鼓励爸爸妈妈对自己更耐心一点，不要给自己太多的要求

爸爸妈妈很难过、很辛苦，我们想要安慰他们，可是，我们也只是孩子，有很多是想做可是做不到的。我们也有很多的需求，也需要照顾。两种需要产生矛盾的时候，孩子们需要正确地表达自己，也可以给家人更多鼓励，鼓励家人对自己多一些耐心，那样爸爸妈妈会轻松一点，自己也可以好过一点。

【读读他 / 她的故事】

李某是一家公司的经理，当我们看到他时，他说："你们看我现在还像个经理吗？"他告诉我们，就在灾难发生时，他还和自己的公司、自己的员工在一起，在安排组织着工作。可是现在，他什么都没有了，辛辛苦苦打拼下来的事业没有了，给家人遮风避雨的家园没有了……讲到伤心处，他也忍不住红了眼圈，流下了泪水。但最后，他告诉我们，自己还是要把公司重新建立起来，因为还有那么多员工要吃饭，自己做一点事，不但可以解决自己和员工的实际问题，还可以帮国家省一些钱。"事业没有了，可是双手还在，还能再造一片天地！"

【我的心里话】

承认自己受了伤是一件很难的事情，告诉自己，承认自己受伤并不等于承认自己软弱。在这次灾难中，心理所受的伤害是无形的，只有承认自己受了伤，我们才能给自己疗伤。也许这不是一时能做到的，请把它交给时间。不论发生什么，家人是我们最大的支柱。家人需要照顾，自己也需要照顾。对家人耐心一点，也鼓励家人对自己耐心一点。

【"心"留言】

第二节　当老人们毕生的积蓄被地震毁灭

地震，这一场突然袭来的灾难，让老人们失去了辛辛苦苦一辈子积攒起来的财产。本来，靠着这些积蓄，他们可以快快乐乐、舒舒服服地安度晚年。可是这一切都被无情的灾难夺走了，老人们可能愤怒、伤心、失落，甚至绝望。

一、我如何走出这失落绝望的心境

如果，您是一位老人，怎么做才能让您尽快走出这失落绝望的心境，帮助自己在今后的日子里更好地生活呢？也许可以这样：

（1）把自己的这种情绪宣泄出来，不要压抑、隐藏自己真实的感受。

（2）找个人，或亲戚朋友，说出自己的感受，也听听他们怎么说，相互支持与安慰。

（3）与亲人或其他与自己经历相似的人聚在一起，一起承担，一同面对，共同规划以后的生活。

（4）接受别人的帮助，因为我们每个人在一生中都会去帮助别人，有时也需要别人来帮助自己。

（5）保证休息与睡眠，尽量让自己的生活作息恢复到以前的正常规律。

（6）重新找到自己原有的兴趣爱好、精神寄托，这将会转移、冲淡一些目前的感觉。

（7）多参加一些户外活动，寻求外界的支持。

（8）与老伴或其他亲人相互陪伴、相互支持，不要自己一个人去面对一切。

灾难已经发生了，财产已经丧失了，这已经成为事实，但以后的日子还很长，我们要让自己过得更好些。

请记住，在灾难的不幸之下，你不是孤独的，你可以和其他受害家庭相互扶持，一同走出悲痛的生活。

【读读他 / 她的故事】

她是一位 60 多岁已退休 10 多年的女医生。当我们到达都江堰市人民医院给医护人员作心理援助时，她正在那里做义工。老人虽年过花甲，但精神和身体状况都不错。经过了解，原来地震发生时，她与附近几个老朋友在一起，没有伤到，老伴也好好的，只是房子已经成了危房，再也不能住了。老人的想法很乐观，“伤心、难过也没有用啊，什么都没有了，但我和老伴还好好的，这就够了”。地震之后，老人和她的老伴就一起留在了人民医院，在伤员较多的时候，可以做些工作，有时陪一些重灾区来的学生还有其他一些伤残人员聊天，经常鼓励那些失去信念、意志薄弱的病人，直面事实，坚强生活……两位老人每天忙忙碌碌，但很充实，很开心，因为他们找到了自己要做的事情。

【我的心里话】

阿姨，我相信您和老伴能在以后的日子里好好地生活！虽然在人民医院我们聊了不到一个小时，但您及您的老伴在医院所做的一切以及你们对生活的态度，让我还有医院里那些被您照顾的伤员们感动，也让我们永远记住了您。请相信，当你们需要我们的时候，我们会守在你们身边，陪你们一起度过。

【“心”留言】

____

____

____

____

二、子女们如何帮助这样的父母

子女是老年父母的依靠，我们之所以能长大成人，都是父母含辛茹苦抚养的结果。父母年纪大了，他们的心灵有时会像孩子一样脆弱，作为子女，我们该如何帮助失去了毕生心血的父母亲呢？

（1）承诺自己一定会好好照顾他们的，无论如何都不会丢下他们，让父母觉得尽管财产失去了，依然可以安享晚年，使他们重新获得安全感。

（2）增强家庭支持系统。中国人的传统生活喜欢群居，家人（子女或小孩子）要多跟老人聊天，尽量跟老年人聊一聊灾后有饮用水供应、通信接通、国家给补助等与这次灾难有关的正面信息，逐渐转移他们的注意力（引自：http://www.hljnews.cn/swxx-ylxx/system/2008/05/09/010164768.shtml）。

（3）子女多问候、安慰老人，关心他们的生活起居，但要把握好一个度，过度的爱和照顾会让老人产生自己没用的感觉。

（4）要鼓励老人适当自理，交给他们一些力所能及的事情做，一方面会使他们感到自己可以掌控生活，可以作决定，自己是有能力、有用的人；另一方面也有助于他们转移注意力，不要只想着负面的东西。

（5）当父母或许有点唠叨地一遍又一遍地诉说"我什么都没有了，一切都完了"等话语的时候，不要不耐烦，更不要打断或阻止，要给予适当的安慰："没事，爸爸妈妈，我还在，我们一定会照顾好你们的！"

【读读他 / 她的故事】

他是一位退休教授，跟老伴过着优游的生活，早上一起爬上小山冈舒展筋骨，下午料理阳台的花草，又或看看杂志，老伴则和朋友到咖啡厅聊天。他们唯一的女儿，在美国定居。几个月前的一个晚上，朦胧间他感到床垫湿了，是老伴尿床。他推推她，发觉她已没有反应。

"节哀顺变。"不少亲戚朋友说。

"谢谢关心，我会的。"他极有礼貌地回答，没失方寸，一派学者风范。

暗地里，他部署好了一切。

花草赠给邻居，向人借的书籍邮寄送还，然后，走上律师楼立遗嘱。全部准备好了。

在月圆的晚上，银光薄薄地洒满一室，他亮起微黄的台灯，写下最后的话语。

面前，是一瓶药丸。瓶子上，他看见老伴的微笑，就在他打开瓶盖的时候，电话响起。他拿起电话筒，一阵熟悉的声音传来："爸爸，我在机场，我好想陪陪你。"

他猛然觉醒。

最有效防止自杀的东西，原来是一种简简单单的被爱的感觉。

【我的心里话】

发生了重大的灾难之后，财产丧失了，家园没有了，可能连平日里相亲相爱的家人也不见了，这个时候，我们是那么脆弱，那么需要亲人的陪伴和关爱。所以，幸存下来的亲人，一定要互相支持、鼓励，共同走下去。多一点关心，多一点支持，就多一份希望！

【“心”留言】

____

____

____

____

三、救助者们如何帮助他们

灾难发生后，全国人民迅速行动起来，与四川共渡难关。5·12当天，武警官兵、人民解放军、医护人员、广大心理援助志愿者都第一时间来到灾区，与受灾的同胞在一起，连我们近七十岁的敬爱的温总理都亲临救灾第一现场。我们用实际行动告诉我们的同胞：“你们不孤单，我们一直和你们在一起，陪在你们身边！”

作为志愿者，我们到不了一线，我们只有在后方，在受灾群众安置点为他们做我们力所能及的事情，如果你是一般的志愿者，你可以做以下工作：

1. 生活上的救助和照顾

帮助他们领取救灾物资，把饮用水或者饭菜送到那些已经没有自理能力的老人手里。

协助他们尽快熟悉所在安置点的水、电、气设施以及当前的生活环境，尽快步入正常的生活；及时传达一些党和国家对灾后群众财产损失所采取的补救措施，让他们避免因受传言影响而产生更多的心理不安，比如灾后存款的提取、其他抚恤金的发放政策等。

2. 情感上的陪伴和守护及精神上的安慰

老人们的坚韧，使他们很不容易引起人们的关注。他们要承担多大的心理负担啊！毕生财产的丧失加上可能的亲人（儿女或小孩子）丧失，他们是无助而又绝望的，他们更需要精神上的安慰和关怀。

如果他不想说话，那就默默地陪伴他吧，这时候沉默胜过千言万语；如果他想哭，静静地递上一张纸巾，允许老人表达自己的情绪情感，不要说“不要哭，要坚强”之类的话，因为如果这件事情发生在你身上，你保证能做到不哭、坚强吗？

当他们想倾诉、想说话时，尽管有些唠叨，但请耐心地听下去，这样他们就会体会到被接纳的感觉。那是一个伤心的故事，说出来，他们也就会好受些了。

关爱、真诚地对待他们，“不抛弃、不放弃”不是一句空话！要知道，如果一个人觉得背后总有一双关爱的眼睛，那么他就不会感到孤独。

请记住，如果一旦发现老人情绪失控或有其他不祥预兆，比如有轻生念头或者产生了严重精神问题，要及时转介到专业人员那里。

3. 心理援助者的工作

当从废墟中被救出来，被接到临时避难的安置点住下来，生活稍稍恢复平静的时候，恰是老人们最难过的时候。虽然活下来了，但所有的财产都没有了，房子、存款、一辈子积累的物件，一切都没有了。这是既定的事实，他们或许否认，或许愤怒，或许绝望，作为专业的心理援助者，我们要帮助他们，使他们认识到这个事实，并在这个困难群体中播撒希望，因为比起已经发生了的事情，未来才是我们可以掌控的。具体可以这样做：

（1）积极地倾听。陷在危机当中的人，最需要的就是有人能设身处地地听他说和了解他。同理心就是“穿着别人的鞋子，去走他的路”，是用对方的方式去看、听和感觉世界的能力，包括理性的与感性的了解，而不是仅仅只有一腔热情。同理的倾听，首先就是要注意对方说话的内容、手势、音调、姿势、表情等，然后要能抓住对方的感受，最后让你自己变成对方面前的一面镜子，经由你的对话和手势反映出他们的想法与感受。先以适当的问题探询了解他们的现实与个人经验的本质，再以关爱和了解响应他们。

（2）引导情绪抒发。忽视情绪宣泄对灾后心理康复过程的影响，可能会对当事者造成很大的伤害。同理倾听的目的之一就是要引导灾难的受害者抒发情绪，释放被压抑的情感。这个过程可能会很耗时间，也可能很激烈，所以引导者要慎选适当的时间与地点来做。许多人因为不同的社会文化的约束而不习惯表达感情，然而，长时间压抑自己的感情很容易导致次级危机（引自：http://finance.CCTV.com/special/xlyz/20080521/105015.shtml）。

（3）态度重塑。我们必须让每个老人一开始就知道，这些反应，包括愤怒、绝望等都是正常和自然的。通过同理的倾听，他们的想法、感觉和行动可以被重塑为正常的应对策略，只是其中有的有效、有的无效。请注意，我们并没有评断负面的行为，我们是要强调：正常、健康、成熟、稳定、好心的人，也会有负面的想法、感觉和行为，在很多情境里，甚至可以认为有这些反应才算是正常的。

（4）以问题去探索可行的选择。引导者的成功不是因为他总有好的答案，而是会问好的问题。人们碰到危机时头脑会变得僵硬，看到的选择也会变少，我们可以透过有创意的问题，引导他们开阔视野、增加选择。比如失去财产的老人，他们只看到什么都没了，我们可以引导他们看到还有亲人，还有政府，还有其他的一些好心人都在默默地帮助和关注着他们。

四、政府部门人员可以做些什么

政府作为一个宏观调控的主体，一定要有相应的举措，比如特别设立“抗震救灾为老助老专项基金”，用募集的资金帮助灾区老人恢复生活，资助为灾区老人服务的社会组织。另外，可以开展类似“让我们成为您的子女——爱心助养地震灾区孤残老人行动”，呼吁社会组织和企业以及个人以专项捐款方式为灾区孤残老人提供关怀和援助，为灾区生活秩序的重建贡献力量。

在灾区建立专门的疗养院，供孤老、孤残治疗、康复，同时要配备专门的具有相关心理知识和医学知识，同时还要有相对充裕的时间陪伴他们的专业人员，这样才能更好地照料他们的生活，抚慰他们的心灵，才能尽可能地让孤残老人过上幸福的晚年生活。

灾后的重建是一个长期的过程，要长久地关注、帮助他们，这需要政府部门组织好相应的援助队伍，因为如果没有秩序，大家一齐涌向四川或者是随着这个灾难慢慢地过去，人们的关注会越来越淡，灾区的老人们会陷入被忽略的境地，以致二次受到心灵的创伤。所以一定要有一个具体可行的计划，志愿者也可以有序、有效地提供帮助，社会上其他的一些组织和企业也可以在一个正规的部门下以捐款的形式表达自己的爱心。

总之，政府也好，社会也好，家人也好，还有老人自己，大家共同努力，才能走向美好的明天！

第三节　当孩子们心爱的东西没有了

一、我想我最爱的布娃娃，我该怎么办

1. 允许自己思念它

那些陪伴过我们的玩具、书本，都曾经带给我们许多美好的回忆，也代表着以前幸福快乐的生活。我们会思念它们，这是很正常的。因此，当我们想念那些曾经的玩具的时候，不用刻意地去阻止自己，因为越是让自己不去想它，它反而会不断地在自己的脑海里出现。因此，正确的做法应该是，当自己想念那些东西的时候，告诉自己：“是的，我很想它。”

2. 把自己的思念、牵挂告诉朋友、父母或者志愿者

单纯的回忆和想念是很痛苦的，特别是当自己一个人沉浸在孤独的想念中无法自拔的时候。越是想念，心里越会觉得难过，因为它们都已经不在自己身边了。这时，如果能主动地找父母、朋友或者是志愿者哥哥姐姐聊聊，会让自己好过一点。不要害怕他们没时间，不要害怕他们不理解自己，睁大眼睛，抬头看一看，他们都用关爱的眼神看着自己了。和他们说说自己的感受吧，你会发现，他们知道你很难过。

3. 如果愿意，另外寻找一些可以给自己带来安慰的玩具

过去的玩具没有了，可是还有许多善良的叔叔阿姨给我们送来新的玩具。以前的布娃娃没有了，可是有阿姨送来的七仔；以前的玩具飞机没有了，可是有叔叔送来的坦克；以前的书包没有了，可是还有好心的哥哥姐姐送来的新书包……

虽然以前的东西是不可替代的，但是现在的东西，也是装着别人的期待和祝福，装着其他小朋友们深深的牵挂。过去的“宝贝”，还在我们的心里，现在的“宝贝”同样能给我们带来快乐。

4. 精神好的时候做一些力所能及或帮助他人的事情

失去那些心爱的物品，我们会难过，会伤心，会没有精神、没有力气。但是，也不会总是这个样子，有时候，我们的精神会稍微好一点。不妨在这个时候做一些事情，比如洗洗自己的衣服，扫扫地，等等。这样既可以让自己有一些事情做，也可以减轻家人的负担，让家人更安心。帮助别人也是很不错的，从这个过程中可以体会到为他人做事的快乐，可以看到自己的价值，他人的笑容可以让自己的心情开朗起来。

5. 多认识一些小朋友，和他们一起玩

看看周围，是不是也有和自己差不多大小的小朋友呢？和他们打打招呼吧，他们会很高兴和你一起玩的。你看，有小朋友在对着你笑呢！

二、我的宠物死去了，我该怎么办

1. 为宠物祝福

有生命的生物都该被尊重。宠物曾经陪伴过我们，不管它现在在哪里，都应得到我们的祝福。“天使之所以离开，是因为它找到了更需要它的人。”这样想，或许会让自己好过一点。

2. 用一些仪式来纪念它们

用一些仪式来纪念它们，安慰生灵，也安慰自己。可以在一张纸上，画出它们的样子，写下它们的名字，再写下自己想对它们说的话。之后可以选个地方，把它们小心地埋起来。自己实在思念它们时，也可以到那里和它们说说话。

3. 写下和宠物在一起的故事

曾经在一起的时候，它们给了我们很多的快乐，那些点滴还经常出现在我们的脑海中。不用刻意地去躲开它们，如果可以的话，把你想到的情景讲述给别人听，可以是你的朋友、家人或者志愿者哥哥姐姐。如果能把那些故事写成文字，就更好了。

4. 如果愿意，可以再找一个宠物或者玩具，暂时陪伴自己

一些其他的宠物或玩具，虽然代替不了之前的宠物或玩具，但是，它们可以暂时陪伴自己。你看它们毛茸茸的脑袋是不是很像？摇尾巴的样子是不是一样可爱？也一样会跑到你面前来蹭你的脚？暂时忘记思念，和它们一起玩吧！

三、父母如何帮助这样的孩子

1. 多给孩子拥抱，让他们有安全感

原本还属于自己的东西，瞬间就丧失了，孩子会有一种世界不可捉摸、不可控制的感觉，觉得外界很不安全。这种不安全感会让他们长久处于一种紧张、惊恐的状态，并且对外界失去感知力，而只是体验到自己的害怕和不安。和孩子多一些身体的接触，比如经常抱着他们、拉着他们的手说话、看

着他们的眼睛、用轻柔快乐的语调与之交谈，会让孩子和外界有一种实体的安全的联系。这对于他们从过去的沮丧中恢复、开始现在的生活是很有帮助的。

2. 让孩子保持规律的饮食和作息

在混乱的状态下，孩子的心情也会很混乱，容易没精打采，此时孩子更容易怀念过去，从而不肯面对现在的生活。保持生活有一定的规律，让孩子知道接下来会发生什么，这可以加强孩子的控制感。这样，孩子会觉得自己可以适应现在的生活，也更有勇气面对现在的生活，从而达到减少悲伤与怀念的目的。

3. 不要否定孩子的情感，对孩子重复地诉说要有耐心

失去心爱的东西，有的孩子会很悲伤、难过。童心是很纯真、很脆弱的，他们有着自己的世界，对他们自己的世界有着自己的看法和情感。在他们的世界中，可能任何一个小的物品都是有生命的，这些物品对他们的意义，不应以成人的思维来度量。成人觉得一个很无所谓的东西，失去了根本不算什么，可是在孩子的眼里，却有可能体验到世界的倾塌。因此，如果自己的孩子沉浸在对自己失去的物品的回忆、怀念中时，父母不要觉得他们这样做是很傻、很幼稚的表现，也不要说打击他们的话，相反应该和孩子一起，陪孩子体会这种失去的感觉，让孩子感受到父母的陪伴和温暖。

有时孩子会重复地诉说一些东西，这时父母最好耐心地听他们表达，不要因为不耐烦而打断他们，或者担心他们会一直说下去。请相信，他们的心情会随着一遍遍的诉说好起来，有了父母的耐心倾听和陪伴，他们会从悲伤中走出来。在适当的时候，孩子会停止诉说，转而将注意力投向新的生活。

4. 在适当的时候提供代替物

父母不一定要急着给孩子提供新的玩具，因为这时他们的注意力还停留在对原来物品的怀念上。当孩子从悲伤中慢慢走出时，可以在孩子愿意的情况下，寻找一些替代的物品。选择什么样的替代品最好和孩子商量。选择吸引力大的、和之前的物品有一定相似性的玩具，比较容易给孩子带来安慰。而且父母最好参与到其中，和孩子一起来玩这些玩具，让孩子重新体验到欢乐，这样会使得新玩具对孩子的安慰作用更大。

5. 鼓励孩子和其他小朋友玩

来到陌生的地方，孩子熟悉的朋友也可能不在身边，陌生的环境、陌生的人会让孩子更不愿意去接触其他人，从而沉浸在自己悲伤的世界中。而孩子之间相互鼓励、相互安慰的作用是巨大的，某个孩子温和的笑脸、爽朗的笑声对其他小朋友的影响也是不可替代的。重新获得友谊，既可以让他们获得快乐，又可以让他们获得支持，从而缩短他们在悲伤中停留的时间。父母可预先跟孩子演练，协助他们学习和人打招呼或谈话的技巧。

6. 对孩子表现良好的行为给予及时表扬

失去家园、失去校园，孩子们原有的生活被打破了，他们心灵的宁静也随之被打破了。这会使他们产生一种对世界的规则无法把握的感觉，而且，他们的自信心和对世界的探索精神等也会受到影响。当孩子的情况有所好转，或有一些好的改变时，一定要及时给予表扬，让他们知道什么才是对的，什么是好的。这样可以帮助孩子重塑内心世界的规则，重获信心和勇气。

四、救助者如何帮助他们

1. 在孩子愿意讲述时，聆听他的诉说

首先要为孩子创设宽松和谐、热情友好的人际氛围，与孩子建立良好、安全的关系。在这样的基础之上，孩子通常会主动地表达出自己经历过的一些事情，或者表达对某件事的情感或看法。志愿者在这个时候要给予他们充分的理解、支持和包容，用眼神、语言和肢体的交流等表达出对孩子的理解和尊重。

2. 让孩子用画画或讲故事等形式表达他们的思念等情绪

对于某些因情绪体验太深而无法将自己的感受说出来的孩子，或者语言能力尚未发展好的幼儿等，画画是一种表达情感的很好的方式。这是因为孩子在画画的过程中，会对自己的情绪进行审视和整理，同时也可以起到表达情感的作用。志愿者可以和孩子一起讨论画中的内容，或者让孩子讲画中的故事。注意发现孩子表达中积极的地方，这些闪光点便是孩子自身力量的源泉，志愿者要给予呵护和关注，促进孩子力量的增长。

3. 用一些仪式的形式完成对玩具 / 宠物的纪念

在人的心理发展过程中，仪式的作用是非常明显的，它是对过去的一种纪念、一种梳理。在这个过程当中，我们接受了过去，接受了那些不能改变的事实，也接受了那曾经痛苦委屈的自己，从而将眼光从过去开始转而投向现在和未来。而通常情况下，人们是不会刻意地去做这样一件事的，因此，志愿者可以将纪念仪式化，帮助孩子们总结过去、埋葬悲伤。

4. 和孩子玩游戏等，给他们一些快乐的瞬间、快乐的现在

快乐的情绪多了，悲伤的情绪就少了。处理悲伤，只是志愿者工作的一部分，另外一个很重要的部分就是帮助孩子重新获得快乐。于是，在我们帮助孩子承认、表达自己悲伤的同时，也要带给孩子快乐的瞬间、快乐的现在，让他们重新经历快乐，重新获取力量、获取勇气。

5. 促进同伴分享、同伴支持

志愿者的陪伴是有限的，因此为了让孩子能够长期地获得快乐、真正地重新开始自己的生活，更重要的途径是帮助他们建立新的人际支持，特别是对于较为内向、孤僻的孩子。在这个过程当中，志愿者可以起到很大的作用，通常来说，这一点可以通过团体辅导的方式完成。在辅导的具体过程中，要特别注意帮助他们建立支持关系，注意在他们已有的友谊关系基础上的进一步发展，促进他们对情绪的共同体验，并且最好以团体契约等形式实现团体结束后的继续支持和帮助。

【读读他 / 她的故事】

在不久前的灾难中，我们的小朋友乐乐丢掉了他很心爱的奥特曼。他并没有告诉爸爸妈妈自己有多想它，因为他担心会挨骂。可他真的觉得自己很伤心，觉得没有人能够知道自己的难过。哥哥知道他的事情之后，鼓励他将这件事情告诉爸爸妈妈。乐乐含着眼泪伤心地告诉爸爸妈妈他掉了心爱的玩具，自己很伤心。虽然爸爸妈妈不能帮他做什么，但是他们依然能够理解他的伤心并且给他安慰。那天，乐乐终于明白，当他伤心的时候，他可以要求得到别人的安慰，别人的安慰会让他不再那么伤心。当你感到伤心的时候，你也可以随时要求其他人安慰你，比如你的家人。你可以说："我感到很伤心，希望你能够安慰我。"当有另一个人和你一起感受你的伤心时，相信你一

定会感觉好多了。

【我的心里话】

“每个孩子，都值得被宠爱”，亲爱的小朋友们，你们永远是最可爱的，你们像天上的星星一样美丽。风雨是暂时的，伤痛也会慢慢过去。冰雪融化的时候，春天就会慢慢地降临……

【“心”留言】

【本章小结】

财产是人们一辈子辛辛苦苦“打下的江山”，在一定程度上是人们赖以生存的依据。而无情的、突发而至的灾难夺走了这一切。人们恐惧过后，悲伤过后，开始愤怒，并有些绝望了。这些都是大灾难后的正常反应，说出你的感受，勇于接受外界的支持，并采取一些自助的方法让自己客观地看待这些事情，勇敢地生活下去。

亲属真心的关怀与相互支持对他们来说是一种重要的力量来源。援助者要陪伴和真诚地聆听，与他们一起走出这段灰暗的日子，并帮助他们重塑生活的希望与信心。政府部门要在物质上多提供一些帮助，尽快安排好他们的衣、食、住、行，并在经济上也要给予一定的补助。特别是对那些失去亲人和生活不能自理的孤寡老人，要建立专门的老人院让他们安度晚年。

对于那些在灾难中失去自己心爱之物的小朋友，要注意安抚他们的情绪，为他们提供安全的环境，用爱的温暖让他们从伤痛中慢慢地走出来。

第八章　被地震摧毁家园的人们，听我对你说……

第一节　当祖祖辈辈守护的家就这样轰然倒塌

家，是什么？有人说，家是一种文化；有人说，家是一段时光；有人说，家是一种情怀。灾区人说，家就是自己的生命，自己的一切的一切……这次地震对于大多数人来说无疑是个梦魇，房屋顷刻间变成废墟，祖辈们留传下来的房屋就毁在自己这一代了……

一、这是我的责任吗？我该怎么办

1. 天灾，无须自责

地震后，很多人都会出现自责、愧疚的情绪，产生以下的思维：

祖上留下的房子传了那么多年怎么会一下子就没了？

为什么它偏偏毁在我手里了？

如果我预先知道房子会倒，我应该早点整修加固。

地震摧毁了我们的祖屋，摧毁了祖辈们留给我们的家。这不是我们的责任，没有人需要为此承担责任。这是自然灾害，无人能预料到它的发生，也没有人能事先准备好应变这无法预料的天灾。这不是任何人的错，更不是你的错。

2. 我能做什么

（1）对自己说：这不是我的错！天灾超出自己的能力范围，不是凭个人的能力可以解决的问题。告诉自己：我能做的都已经做了，我已经尽了最大努力了。

（2）忘掉“要是那时候我……”这类的话！这些“如果”并不存在，从来不曾存在，以后也不会存在。

（3）相信你对很多人来说是重要的，即使你现在可能感受不到这点。

（4）相信你是特别的，你是被人爱的。

（5）这些不良情绪和想法只是生活的一部分。不要夸大这些情绪和想法，它们只是你在目前情境下自然会产生的状态，它们并不是你个性的一部分。

（6）一步一个脚印，向前走！慢慢开始计划现在和将来的生活。过去奋斗、努力的收获已经失去，以后我们同样可以经由努力再获得新的生活。

地震灾后，家园不再是过去常常看到的美丽面貌，家园里满是伤感。一个残破的格局摆在我们面前，我们不能依赖过去，只能一步一步向前走。万事开头难，在前进的过程中，不要急，不要过早失去信心。政府以及社会上很多人都会向你们伸出援助之手，会助你们一臂之力的。

二、家人应该如何互相支持

地震使全家人失去所有财产，除了逃出来时身上的衣物外一无所有。人们同样都遭受着失去财产的苦痛。此时面对家人，我们要：

（1）不要隐藏感觉和情绪，对家人表达自己的情绪。失去原先的生活方式、家、工作、城市、身体的一部分或一份关系，都可能和失去一个人一样痛苦，要面对自己的情感，让家人都了解彼此的感受和想法，能够相互理解，避免不必要的误解。

（2）明确地告诉家人自己的需求，他们会理解并支持你的。

（3）多陪伴在家人身边，认真倾听、理解家人的各种感受，但不要做任何评价。

（4）支持与接受他表达的情绪、允许他哭泣。例如：我就在这陪着你。帮助他说出感受，例如：你一定很难接受。

（5）通过肢体接触表示关心。多跟家人拥抱、拉手、拍肩，表达你的关怀和支持。

（6）有关家庭的重大决策，要和家人充分商量后再做决定。

三、救助者如何帮助他们

救助者要听从政府统一安排和调遣，不盲目行动，一切行动听从统一指挥，保证救灾工作的有序、有效进行。将灾民转移到安全的地方，为他们提供可以挡风避雨的栖身场所，提供食物、水以及一些必需的御寒衣物。

陪伴在他们身边，安抚他们的情绪，告诉他们“你现在安全了”（如果真的安全的话），或者“我会陪着你”。不需要说太多。安静地陪伴，他们愿意说什么，就认真地听，听他们讲述愿意讲述的一切。

四、政府部门人员应该怎么做

宣传好政府出台的相关政策，如关于房屋的灾后重建、灾后赔偿、灾后补贴的发放条例，这些是房屋被毁的群众最想知道的信息。

财政部和国家税务总局 5 月 19 日发布了抗震救灾及灾后重建的有关税收优惠政策。根据两部门联合发布的通知，当前抗震救灾及灾后重建有关的税收优惠政策主要涉及企业所得税、个人所得税、房产税、契税、资源税、城镇土地使用税、车船税及进出口税等税种。

个人所得税方面，因地震灾害造成重大损失的个人，可减征个人所得税。具体减征幅度和期限由受灾地区省、自治区、直辖市人民政府确定。对受灾地区个人取得的抚恤金、救济金，免征个人所得税。个人将其所得捐赠给地震灾区的，按照个人所得税法的有关规定从应纳税所得中扣除。

房产税方面，经有关部门鉴定，对毁损不堪居住和使用的房屋和危险房屋，在停止使用后，可免征房产税。房屋大修停用在半年以上的，在大修期间免征房产税，免征税额由纳税人在申报缴纳房产税时自行计算扣除，并在申报表附表或备注栏中作相应说明。契税方面，因地震灾害灭失住房而重新购买住房的，准予减征或者免征契税，具体的减免办法由受灾地区省级人民政府制定。

车船税方面，已完税的车船因地震灾害报废、灭失的，纳税人可申请退还自报废、灭失月份起至本年度终了期间的税款。

诸如上述这些国家相应的优惠政策、配套文件，应加强宣传，做到家喻户晓。一方面可在很大程度上缓解灾区人民的担心，另一方面能够用社会力量来监督条例的实施，有力推动灾区重建工作。

第二节　地震使我有家不能回

很多百姓在地震发生后，暂时住在外地亲友家；担心子女学业受影响的家长，安排他们的子女到外地学校就读；失去家人的，由社会福利机构安置其生活。背井离乡的幸存者，要适应新的环境；留在家乡的幸存者，面对残破的家园无计可施，只能等待政府灾后的重建与安置措施。对大多数人来说，地震后是另一种生活的开始。

一、我该如何自我调节

1. 重新建立日常生活作息

保证休息和睡眠。休息是为了你的健康，休息好了才能恢复正常的生活。

白天睡不着时，可以静静坐着闭目养神。

有规律地饮食。就算不饿，也要尽量让自己吃些东西以保持体力。

适度地做些运动和放松的娱乐活动。如深呼吸、伸展运动，或者跟家人朋友打打扑克、与孩子们玩耍等。

2. 多与人接触，不要落单

多与朋友、亲戚、家人、邻居在一起，与他们聊聊发生在自己身上的事。请记住：你不是孤独的，可以和其他人相互扶持，一同渡过难关。此时正是我们结交新朋友，参加新的社交活动的好机会，如成为一名志愿者；也是改善我们和伙伴、同学、邻居的关系，和家人更亲近的最佳时机。

3. 尽情跟人表达自己的情绪和感受

不要克制自己的情感，哭泣、愤怒、憎恨、想发泄等，都可以表达出来，想哭就尽情地哭，想笑就放声地笑，任何情绪都可以表达和宣泄出来。

如果觉得难以说出口或说不清，可以自己写写日记，记下自己的想法和感受，在你想写的时候，或是觉得不舒服的时候写就可以了。

4. 不是用忘记来调适哀伤，而要包容和接纳自己

用忘记的方式来压抑自己的伤痛，并不会使你的身心得到长久的调理。要了解哀伤不单会导致身体出现问题，更重要的是会造成心理和情绪负担，要正视哀伤对你的影响，包容和接纳自己的脆弱。

5. 制订生活计划

你想成为什么人？你想做什么？你现在能做什么？可以详细描述、设想一年内你会变成什么样，想待在哪里？不必过急，尊重自己的步伐，慢慢调整日常作息和思想。

学习新的东西。如求生技能和急救技巧，以备不时之需，增加抗灾防灾知识。

二、家人应该如何互相支持

在经受了重大灾难后，每个家庭都面临着巨大的压力：有形和无形损失，

混乱不安的居住环境，原有生活秩序被打破，日常生活无法正常进行。在这种情况下，家人容易出现一些不良的情绪：脾气可能变得暴躁，为一点小事责怪，造成家庭成员间关系紧张。这个时候我们要做的是：

（1）让家人一同对所失去的一切作一番告别：可以举行一个仪式来告别已经被摧毁的房屋、不能再回去的家。

（2）生活作息尽量保持稳定：尽可能利用所有条件来维持家庭日常生活的正常化、规律化。

休息、工作和令人愉悦的活动交替进行，会对恢复状态更有帮助。处于混乱中，却依循一套严谨、规律的时间表生活，会帮助你感受到生活的平衡安定，觉得有所依靠。

（3）寻求支持、提供支持、与家人多沟通，说出自己的感觉和想法；当家人诉说时，多听少说，不要劝阻他哭泣，要陪在他的身边，让他尽情地哭泣；理解、接纳家人表达情绪的不同方式，抱抱他、拍拍他的肩、握着他的手，让他们感觉到你的支持和陪伴。

（4）适时给予家人空闲的时间，让家人稍作冷静、独处；当家人不想说话时，别逼着他说。

三、救助者如何帮助他们

房子突然没了，家也没了。很多人会产生各种情绪，如无助感：他们不知道将来该怎么办，感觉未来没有希望；觉得世界末日到来了，奋斗了大半辈子的所有转眼成空了。感觉愤怒：觉得上天怎么可以这样不公平，为什么别人的楼房没倒，偏偏我们的房子塌了。此时，作为救助者，我们要做的是：

（1）用心倾听他们的心声。通过观察、询问来了解他们所遇到问题的严重程度，了解他们自行解决问题的能力，然后帮助他们找到身边的相应部门，求得社会的支持。

（2）评估可用的资源。谁在这个问题上能帮助他们？什么样的资源最有帮助？帮助他们检查现有可以利用的资源，同时考虑如何来获得这些资源。引领他们到合适的机构寻求帮助。

（3）制订和执行计划。要解决这个问题，他们需要采取哪些步骤？鼓励他们说出自己的打算。不定期了解事情的进展。答应他们的事一定要做到，只答应能办到的事而不是愿意做的事。

四、政府部门人员应该怎么做

1. 了解灾后人民基本的顾虑和需要

地震灾后，灾民对今后的生活会产生许多忧虑：对基本生存的担忧；对丧失亲人的哀痛和失去财产的悲痛；难以入睡，包括经常做噩梦、脑海中不断出现灾难影像；对灾后安置和随后的生活条件（孤立或拥挤）感到忧虑。

地震灾后，灾民遇到的最常见的问题就是生活问题。这些问题包括交通问题、失业、没人照顾孩子、临时住宿场所不充足、找不到失踪的亲人、缺乏药物、担心公共卫生等具体问题。

2. 做好家园重建的准备工作

家园重建准备工作包括灾民房舍灾害登记，鉴定及重建日程；灾民伤亡情况，救灾物资登记及发放的时间、地点、金额。

物资申请的相关规定及地点。通过资讯、信息的传递，向他们宣传政府的政策，以建立灾民对政府的信任感。

3. 关注他们目前的生存状态

地震灾后，政府部门应主要关注灾民以下生存状态：

（1）住宿情况：掌握帐篷数、户数等最基本资料。

（2）饮食情况：目前他们的一日三餐是怎么解决的，是由什么部门负责，物资是否充足。

（3）卫生情况：厕所情况，洗澡怎么解决，是否有水，整个地区的卫生条件怎样。

（4）医疗设施：临时安置点是否有医疗点，医药物资是否齐备、充足。

4. 向他们宣传政府灾后重建的计划和政策

（1）在新住宅没建起前，首先需要给失去家园的受灾群众提供临时住房，如搭建足够的帐篷和活动板房；也可适当给予补助，使他们能自己租借房屋住；可考虑建造一些廉租房。

（2）重建中住宅地的提供。对于农民的房子，受灾轻的可在原地重建或修补住房，由政府或其他金融机构提供相关资金支持，如长期低息贷款；受灾极严重的，可帮助受灾群众搬离原址，政府可考虑给他们提供住房。

对于城镇居民的商品房，房屋可能倒塌或成危房，政府可与银行、房地产开发商等各种机构协商，合作来解决。由于各个家庭受灾程度不一样，因此政策也要有所差异，对于有一定偿付能力的家庭，可通过延长还款时间，进行债务减免予以帮助，对于确有困难的家庭，仍需要由政府提供支持。

（3）尽快修复被地震摧毁的公共设施，如公路、桥梁等交通设施，修建电网、医疗、通信设施等，保证正常运营，以确保重建工作顺利进行。在重建过程中所需劳动力可征召当地劳工，尤其是灾后失去工作的人们。这样做，一是为当地受灾群众提供暂时性的就业岗位，增加其收入；二是能够帮助他们提高重建家园、重建新生活的信心和勇气。

（4）设置咨询平台。提供居民有关福利措施、就业、法律、申诉、公共建设、产业重建、社区重建及其重建相关服务与资讯之咨询、转介与媒体。

【读读他 / 她的故事】

开发区安置点

蒲阿姨，今年快 50 岁了。我在都江堰开发区碰到她。在我们完成一个心理辅导个案，中途休息准备找个地方吃中午饭时，她热情地招呼我们到她那儿坐（一张床垫放在树下）。她的热情让我们不忍拒绝。她们一家四口都平安，住在一起。说起当时的生活状况，阿姨显得挺满足，日常生活都挺有保障，现在还能自己做饭（我看见桌上的肉、鱼、青菜挺丰盛）。谈及现在有什么困难或需要时，她表示最大的心愿是能尽快找个安定的地方住下来，然后慢慢开始计划以后的生活怎么过。不知将来要怎么办，原来的房子全部毁了，她与丈夫都下岗了，没有固定经济收入，原来艰难维持的养老保险现在也无法继续供给，现在什么都没有了！谈及此，阿姨禁不住哭起来……说到以后，只有无奈、无助。

当蒲阿姨谈到家财全部丧失不禁潸然泪下时，其家里人在一旁向她大喊：哭，有什么好哭的，这么多人都遭难了，是天灾，无法避免，没什么好哭的！这两句话把蒲阿姨的眼泪全挡了回去。很遗憾，由于其他原因，我无法与这位阿姨作进一步的交流。可我很明白，她想倾诉，但身边没有这样的人，她需要我们去聆听她的故事、她的感受！受灾的群众需要我们的关怀！

张雪莲

5月20日　都江堰

【我的心里话】

面对伤痛，请说出你的感觉！

收起伤痛，重新站起！

【“心”留言】

第三节　当我成了无家可归的人

一、如何在灾难后帮自己一个忙

在灾后的这段时间里，我们每一个人都受到冲击——不论您是受难同胞，还是参与救灾的工程人员、医护人员、义工，或者您是通过大众传播媒体得知这样的信息的人——或多或少我们都会有些不好的感觉：有的人可能觉得伤心难过，有的人可能很担心会有下一次地震，有的人则可能很生气为何救灾的进度这么缓慢，也有些人可能因过度惊吓而惶惶不可终日，因此吃不下饭、睡不好觉，学生无心读书，大人无心工作等。

处在这么大的危机中，有这样的心理反应请千万不要觉得异常，这些反应都是很正常的。不同的人处理这些心理问题方法不尽相同。可以与周遭的家人、朋友讨论或分担，可以请心理辅导人员帮忙。倾诉是很好的应对压力的方法，请您尽可能地找到适当的对象去交谈、去寻求支持。但是，也可能因为某些原因，只能靠自己一个人来面对，那么，我们在这里为您提供一个简单的方法，或许您可以自助式地检查自己、帮助自己。

步骤如下：

（1）此时此刻，您“想要达到的”是什么？

（2）那么，您现在“正在做的”是什么？

（3）您“正在做的”可以达到您“想要的”吗？如果答案是“不是”，那请您想想有没有其他的方法；而如果答案是“是”，就请您继续下一步骤。

（4）制订切实可行的计划。

（5）下定决心做到，绝不放弃。

举例来说，如果您现在“想要的”是“回复原来的生活”，为了达到这个目的，您可能经历了复杂的心理过程，像“找朋友聊聊”、“很慌张，晚上睡不好”、“无法安心工作、上课”等。然后，请您一项一项想想看：这些您“正在做的”事，可不可以帮助您回复原来的生活。如果“很慌张，晚上睡不好”使您白天没有精神，根本没有力气去想、去做，那就请您不要继续，因为这样做根本无法达成您所“想要的”——回复原来的生活。而如果您觉得“找朋友聊聊”常常可以让您心情比较好，而且在比较好的心情下，通常您能够去做关于“回复原来的生活”的事情，那么就请您真的去找朋友聊聊。接下来，请您计划更细致的实行步骤，比方说，“找哪位朋友（老张）”、“去哪里找（隔壁村）”、“怎么样找（走路去）”、“什么时候去（明天下午两点半）”等。当然，这些可以帮助您达到“回复到原来生活”的方法愈多愈好。

最后一点非常重要，当您下定决心去做之后，就一定要执行到底，不能半途而废！

试试看，也许通过这样的自我检查，真的可以帮助您想出帮助自己的方法哦！

二、家人如何彼此支持

1. 你可以做什么

（1）分享经验。鼓励家人说出他在灾害发生时的感受，或者用间接的方式与他讨论关于居所的议题，如先讨论其他家庭的情况，再讨论一些以前家里出现状况的心情等。

（2）表达情感。跟他们谈谈失去家园的感觉，可以通过言语、肢体语言的方式让亲人表达他内心的悲痛、伤心，甚至悔恨等。

（3）面对亲人的罪恶感。有些人会认为亲人死亡是自己造成的。我们必须要让他了解这是天灾，是意外事件，他不需要为这样的事件负责。同时和他一起回想一家人在一起的快乐日子，提醒他一家人在一起的快乐。

（4）给家人及自己一个机会对失去的家园表达心意。告别家园的仪式不用回避，这对每一个人都十分重要。每个人都可以或多或少地参与到与家园告别的悲伤与忙碌中。在这一过程中传递彼此的爱与关怀，给彼此温暖的陪伴与支持。告诉家人，我们还有彼此。只要人在，家园就可以重建。

（5）一起回忆。一起回忆过去一家人在一起的情景，提醒亲人记住一家人永远是相亲相爱的，这些曾一起分享过的美好回忆不会因为家园的失去而变得没有意义。回忆中有爱，一起回忆的有你。

（6）讨论未来。家园毁坏了，要怎样去面对这种毁坏后的失去，怎样去继续自己的生活。一家人一起讨论这个问题，大家一起建立积极向上的心态，共同面对未来的生活，彼此陪伴，彼此扶持，相互鼓励，走好人生以后的旅程，坚信有更美好的明天。

2. 你不该做的事

（1）不要刻意回避讨论无家可归或当作事情没有发生。不要回避告知家人事实，甚至扭曲真相。例如，转移话题。

（2）不要立即将家人送走，或强迫他进入新的环境。如果家人没有机会处理心中的伤痛，就被抛进新的生活中，陌生的环境，不熟悉的人和事，都将会在他的心中留下极大的阴影。

（3）不要强迫家人一定要勇敢、坚强。有时悲伤哭泣是必要的，这时，陪着他们，告诉他们“你可以尽量哭”，会比告诉他们“不要哭”、“要勇敢”要好得多。

（4）不要对丧失做不适当的解释。“都是我的错”——这会让自己活在罪恶感、愧疚感中，无法正视这是天灾。“都是你不好”——这样的责备会让家人承受巨大的痛苦，让他们去承担无法承担的责任。

（5）不要禁止家里人谈论有关灾难的话题或重述当时的回忆。如果他们愿意说，请耐心听他们讲，无论他们要重复讲多少次，都耐心地认真地听他们讲。这对他们来说是很大的支持。

三、救助者如何给予心理支持

灾难发生后，救助者在努力去理解和感受灾难幸存者的基础上，还应给予安慰和陪伴。

救助者应该说的话：

对于你所经历的痛苦和危险，我感到很难过。

你现在安全了（如果这里确实是安全的）。

这不是你的错。

你的反应是遇到不寻常的事件时的正常反应。

你有这样的感觉是很正常的，每个有类似经历的人都可能会有这样的反应。

看到／听到／感受到／闻到这些一定很令人难过／痛苦。

你现在的反应是正常的，你不会发疯的。

事情不可能一直这样，它会好起来的，而你也会好起来的。

你现在不应该去克制自己的情感，哭泣、愤怒、憎恨、想发泄等都可以，你要表达出来。

救助者不应该说的话：

我知道你的感觉是什么。

你能活下来就是幸运的了。

你能抢出些东西算是幸运的了。

你是幸运的，你还有别的孩子／亲属等等。

你还年轻，能够继续你的生活／能够再找到另一个人。

你爱的人在死的时候并没有受太多痛苦。

她／他现在去了一个更好的地方／更快乐了。

在悲剧之外会有好事发生的。

你会走出来的。

不会有事的，所有的事都不会有问题的。

你不应该有这种感觉。

时间会治疗一切的创伤。

你应该回到你的生活，继续过下去。

四、政府部门人员该怎么给予安慰

政府部门的人员应该及时告诉受灾的人们，政府在灾难发生后能够给予什么帮助，将会怎样给予帮助。宣传好政府的一切灾后重建的政策和措施。让人们知道，政府要做什么，将要怎么做。知道有政府的支持，将是很大的精神力量。

政府将通过以下七项措施抓好灾后重建工作，要让灾区人民了解这些信息，明白、理解这些措施，调动灾区人民积极投身到灾后自救、灾后重建中。

1. 进一步核准、核实灾情

按照实事求是、科学、准确的原则，在上级有关部门的指导下，对全县受灾情况进一步进行核查，督促受灾乡镇和部门完善明细台账，确保资料真实、准确。严格按照国家规定、技术规范和相关标准，认真开展受损鉴定评估，提出恢复重建具体意见，为灾后重建提供科学依据。

2. 妥善安排群众的生产生活

严格执行省、市对因灾伤亡人员、孤寡伤残人员和困难群众的补助标准，及时将各项救灾补助资金发放到受灾群众手中。继续落实县级领导和县直部门联村责任制，组织干部职工深入受灾村社宣传政策，帮助重建，组织农业技术人员深入农村一线指导开展农业生产，确保受灾群众正常的生产生活秩序。

3. 抓紧制定灾后重建规划

把科学制定重建规划作为开展灾后重建工作的首要任务，按照“以县为单位做好规划、以乡为单位抓好建设”的要求，组建专业规划编制队伍，在现场调查研究、科学论证评估的基础上，统筹区位、交通、资源等因素，兼顾长远发展和抗震设防标准，尽快完成农村住房建设规划、基础设施建设规划、公共服务设施建设规划等重建规划编制工作。

4. 多方筹措灾后重建资金

通过政府投入、项目争取、社会捐赠、对口帮扶等多种渠道筹措资金，弥补重建资金缺口。严格落实农村灾民房屋重建补助政策，控制和压缩非生产性支出，合理调整财政预算，最大限度地向灾后重建工程倾斜。继续动员干部职工捐款捐物，发动村社群众投工投劳，帮助困难群众实施灾后重建，为灾后恢复重建工作提供资金保障。

5. 抓紧实施灾后重建工程

加快受灾群众住房重建工作进度，原址重建的在 7 月底前建成，集中和移址建设的，在入冬前全部建成并投入使用。积极筹措资金维修、购置受损医疗设备，加大供水、道路等设施抢修力度，在最短的时间内解决灾区群众的生产生活用水、道路通行等问题，帮助群众尽快恢复农业生产。

6. 做好次生灾害预防和震情监测工作

继续深入做好排危除险工作，特别注意加强对煤矿、水塔和危险化学品等重点部位、重点行业和山体滑坡等地质灾害的隐患排查，严防发生新的伤亡事故。进一步加强震情信息的沟通、宏观异常信息收集、核实和快速报送工作，完善细化各类应急预案和防范措施，切实把防震减灾各项措施落到实处。

7. 全力维护社会秩序稳定

正确引导社会舆论，通过广播、电视、网络等多种形式，大力宣传地震常识和国家、省市关于抗震救灾的各项方针政策，及时发布从主流媒体和地震部门获取的震情信息，稳定群众情绪。继续加强对社会面的巡查管控，密切关注社会动态，保持正常的生产生活秩序和社会秩序。

五、媒体需要注意些什么

有的媒体，为了报道画面真实感人，抓拍灾区人民的一些情感流露的镜头，不顾及被拍者的感受。例如，有个小女孩，因为地震发生时受到严重的惊吓，获救后一直不愿意说话。一个心理救助工作者，花了一个多小时才与小女孩建立信任，并让小女孩能够有安全感地表达自己的心情。结果一个在四处期待地寻找流泪场面的记者拿着相机，对着小女孩的脸连续抓拍。小女孩当场表情麻木，不再说话了。

在灾难发生之后，每个人都渴望听到有关事件的最新报道。但是，灾害研究表明，在电视上出现的意外消息或画面会令人感到恐怖，导致与精神紧张有关的病症的复发。此外，在电视上看到灾害报道的所有人都可能成为“从属受害者”，并且可能蒙受感情上和身体上的伤害。所以，最好不要让儿童观看有关灾害的新闻报道。

【读读他 / 她的故事】

灾民安置点

成都人是喜欢休闲的，这点全国人民都知道。友人说，成都人享受生活、热爱生活的程度，不到成都是不能体会的。这里的人乐观向上，这里的人休闲娱乐，这里的人热情好客。在前往幸福路小区灾民安置点的路上，我心里很矛盾，灾民和幸福，似乎是两个八竿子打不着的概念。通过残破的街景依旧能看到之前的这里有多么美，装饰堂皇的店家，一整面墙体倒塌了，里面的家具悬在倾斜的地板上。灾后重建，这些危房都是要立即拆除的。在郫县的灾民集中点时，遇到一个阿姨流着泪对我说：“毁掉的都江堰，再有十年也修不回来了。”那份心痛，来自对这片热土的深沉的爱。

在我走访过程中，路过一个帐篷，透过半开的门帘，里面被收拾得井井有条，东西摆放得很整齐。一个女人，坐在门口纳着鞋底，发现我好奇地看她手里的鞋底，对我友好地笑笑。我走过去，她连忙从帐篷里拿出凳子来给我坐，很热情地招呼我休息一下。于是我们开始交谈起来。

原来，她儿子正在部队当兵，现在出任务到江浙去了。我问她，家里出这么大的事，儿子也不能回来看看吗？她说，儿子是当兵的，当兵的有任务就要把任务完成。她没有太高的文化，但她送儿子去当兵，就常常教育儿子，当兵是给国家作贡献的。要听国家的话，听党的话。不过她还是很满意地笑着说，儿子的首长很关心她们家的情况，已经下了指示，一旦任务完成，儿子就获准回受灾的家中探望父母。说到这里，她脸上却露出犯难的神色。我问她，儿子回来不好吗？原来，她是寻思着怎么给孩子准备点东西，要不儿子战友会说了，你回家一趟，怎么空手就回来了啊。要搁过去，能让孩子拿点腊肉、香肠、干红薯什么的带回去，可现在家都全塌了，什么都没有了。她总得给孩子准备点东西拿走呀。想来想去，就给孩子纳几双鞋底带走吧，还可以分给战友们用。她说："虽然这不值几个钱，也是我一针一线做出来的。"

当我和她说起地震当天的情况时，她把衣服掀起来给我看，一处处的淤青，看得我胆战心惊。天花板上掉下来的东西砸到了她，她在奔跑的过程中摔倒了，至今左手腕都不能用力。但她仍然坚定地对我说："现在政府都很关心我们，没有房子，给我们修，每天还有志愿者送东西给我们吃，病了还有药送过来。我现在很好，比起那些被埋在废墟里的人，我幸福多了。"她一再地说，有政府照顾，她什么也不怕。她还准备报名参加灾民救助中心的自助服务队，也好为大家做点事。

这位妇女很健谈，热情开朗，她说她喜欢跳舞和唱歌。她还在自己没事的时候，自己编歌。她转身进帐篷去拿出一些破旧的本子，一页一页翻开，上面都是她写的歌。里面有一首歌，叫美丽的都江堰，吸引了我。我问她是不是愿意唱给我听一下。她有点不好意思，说别人会笑话她，不过，她还是腼腆地清了清嗓子，轻轻唱起来："美丽的都江堰哟……"声音有着青山绿水的感觉，我想象得到，她年轻时一定很美很美。临走时，她拿了两个萨其马，硬要塞给我，说是我陪她那么久，也没什么东西能给我。我推了很久，告诉她我们是有纪律的，我心领了。她笑笑说："也行，等以后都江堰修好了，你再来，那时候我就有好吃的招待你了！"

这个"美丽"的帐篷女主人，一直挥手和我告别，直到我走过一整排帐篷，转角再也看不见。就在转过帐篷拐角转身的一刻，我哭了。突然明白，其实，幸福，就在心里。

聂欣

5月23日　都江堰幸福路

【我的心里话】

地震给我们造成的不仅仅是物质上的损失，还有永远无法弥补的心灵创伤，我们深知，任何安慰的语言在它的面前都显得那么苍白无力。但是，在灾难面前，我们更需要的是勇气和决心。我相信全国上下一心，众志成城，一定能在废墟上重建我们的家园。

灾难带给我们的，除了失去亲人、失去家园的痛苦，还有无比的坚强、无尽的执著。灾难可以摧毁我们的房子，却无法隔断13亿人的亲情。地震震动的不仅是四川的这块土地，还有我们所有人的心。同胞们，请允许我们为你擦干伤心的泪水。

汶川，昨天的她，山清水秀；今天的她，满目疮痍；明天的她，将是更加美好的家园！

【本章小结】

经过这场灾难，此刻没有一个人愿意在这么艰难的时刻背离家人，为了在这个时候，可以让家人紧紧将心灵相拥在一起，且让我们重新用另一种方式来表达我们的关心，家园重建不仅仅止于有限的形体，更重要的是让地震把我们的家庭关系凝结得更紧密。

在重建计划中，我们不能轻视物质环境可能产生的心理意义，在家园重建过程中，通过与居民沟通、讨论、共同规划、建设、纪念仪式等行为，才能让灾民重新凝聚向心力，重新找到“控制”的感觉，进而形成新的社区意识，在重建的过程中，抚平过去的伤痛。

站在成为瓦砾堆的房子前，那种感觉很难形容，“平时以为最坚固的房子，也都可以这么一瞬间就倒了”。那是一种站在一场真相面前，对于无常的领悟，告诉你，人生之中许多的“理所当然”，会像瓦砾一样，一块一块地崩落。此时，若能协助灾民规划出一个社区重建的蓝图，以人民凝聚力作动力，以人民灾后重新建立理想家园作为将要实现的梦想，由中央单位统筹，让各专业各尽所能，投入财力与人力，在断壁残垣中，重新建立一个不再有悲情，也不再有分离的温馨家园。

第九章　因为地震遭受惊吓的人们，听我对你说……

第一节　因为目睹悲惨情景而受惊吓的孩子们

一、忘不掉那些恐怖的情景，我该怎么办

地震虽然过去了一段时间，但那些悲惨的画面是不是依旧会经常在你脑海中呈现？它们是不是像一群鸽子在盘旋，赶不走，也挥不去？走在路上，是不是仿佛还可以看见倒塌的房屋？睡在床上，是不是还总觉得床板在晃动，仿佛一下子又回到了地震发生时的情景？偶尔想到或回忆起这些恐怖的情景是很正常的事情，毕竟地震来得太突然，太强烈。但是，如果这些画面经常在脑海中盘旋，感觉无能为力，无论如何也无法忘记。那么，下面的一些方法或许对你有些帮助。

（1）当这些画面出现时，你可能感到很紧张，并且努力克制自己不要去想。可是你会发现，越是想去克制，这些画面就会越多地在脑海中呈现。在平时和伙伴的玩耍中，有没有玩过皮球的游戏？如果一个皮球弹了起来，你想让它停下来，你会怎么做呢？使劲去拍打它，还是任它自己跳跃？哪种方法会更快地让皮球停下来呢？答案肯定是任它自己跳跃。过了一会儿，皮球便会自己停下来。同样，那些让人不高兴的画面也就是一个个小皮球，你不要刻意地去克制它们，而是当它们要出现时，就任由它们出现，过不了多久，它们也就会自己消失。

（2）当这些让人不愉快的画面反复在脑海中出现时，你可能会感到悲伤、难过、恐惧、愤怒。这些都是很正常的反应，每个孩子都会这样，甚至每个大人也都会这样。因此，当你有这些不好的情绪时，首先不要恐慌，要鼓励自己一定能够渡过这个难关；接着尝试着把注意力集中在自己所坐的椅子或所站的地面上，来回挤压椅子，或者用脚使劲地跺地面，你会发现自己现在是安全的了，再也不会回到过去了；另外，还可以把这些不好的感受跟

家人、老师、同伴们说出来，你会发现，当你把这些不好的情绪跟他们讲出来后，心情会舒畅很多。

（3）多和小伙伴们交流。组织一群伙伴，做大家以前喜欢做的游戏，或者可以尝试着做新游戏。如果你是在一个陌生的地方，周围都是新伙伴，那么你可以先加入他们的活动。刚开始可能会感到陌生和不好意思，但随着交往的深入，你会发现，他们都是很好的朋友，彼此间懂得相互关心和体贴。你还可以把自己的故事跟他们说说，也可以认真地听他们的故事。总之，要学会参与同伴间的活动，与朋友们维持社交上的往来。

（4）如果你有空闲的时间和安静的环境，你可以用笔把自己的故事及感想记录下来，很多年后，再回头看这些文字，你会发现它们是自己的一笔财富；如果你手里有画笔和纸，你也可以把那些时常在脑海中盘旋的画面画下来，不一定要十分逼真和漂亮，但要尽量把细节表达出来。画完画后，你可以拿着它去跟家人、老师或朋友们说这幅画的故事，也可以直接和这幅图画进行对话，把它想象成你的好朋友，把你因为这些画面而感受到的不安和恐惧大声地说出来。

（5）试着写下自己最喜欢的十件事。要注意的是，这十件事要能突出自己，比如，不是“我喜欢跑步”，而是“当我跑步时，我感到自己有力量，我喜欢我自己”等等。写下这十件事后，要随身携带这份清单，并且不时地谈论它，或者将它制成小卡片，以便随时方便地查看，当压力感或恐惧感上升过度时可以进行查看或背诵。

二、 老师们如何帮助这样的孩子

当学生向您反映，说自己的脑海中时常会有与地震相关的画面出现时，您是不是也有同感？地震虽然过去了很多天，但那些恐怖和悲伤的画面是否还会时不时地出现在脑海里？这些都是地震发生后的正常反应。灾难发生后，恐怖和悲伤的情绪将会持续一段时间。作为成人，我们会运用一些方法来调节自己，如会去跟好朋友诉说，会把这次经历和自己以往的不安经历作比较。但对于孩子，尤其是年幼的儿童，他们很难用语言来表达自己内心的感受。因此，作为老师，我们要掌握一些方法来帮助这样的孩子。

1. 如果您的学生在 3 ~ 5 岁之间

这个年龄段的孩子，特别容易因日常生活与环境的变动而受到伤害，他们最依赖其他人的照顾与协助。当这个年龄段的学生向您反映自己无法忘记看到的那些悲惨情景时，您可以拉着他的手，或者抱起他，亲吻他的脸蛋，要让孩子感觉到自己现在是安全的。要耐心地倾听他们说话，给予他们适当的关注。另外，也可以让他们通过绘画或说故事等方式把自己的不良情绪表达出来。

2. 如果您的学生在 6 ~ 10 岁之间

当这个年龄段的孩子目睹了悲惨的情景而受到了惊吓，前来向您诉说时，首先，您一定要给予他们适当的关注，然后鼓励他们把自己恐惧、悲伤的情绪和感受表达出来；其次，要给他们安全感，从而帮助他们尽快地回到正常的学习活动中去；最后，可以尝试着用他们可以理解的字眼来解释到底发生了什么，告诉他们地震只是一种自然现象。

3. 如果您的学生在 11 ~ 15 岁之间

这个年龄段的学生能较好地表达自己的感受，对灾难和危机的知识也能更好地接受和理解。因此，当这个年龄段的孩子因为忘不了曾看到的悲惨情景而苦恼时，您可以尝试着用他们能理解的语言直接谈论事实和危机的信息。要鼓励他们谈论自己的感受，并且及时地给予支持；要帮助他们更多地加入到其他伙伴的活动中去。同时，应该暂时放低对他们在学业及其他方面的要求。

4. 如果您的学生在 16 ~ 18 岁之间

这个年龄段的学生已经渐渐趋于成熟，在很多方面都有自己独立的思考和看法。但由于处于青春期，比较强调个性和独立，因此可能较少与老师进行交流和沟通。作为老师，当我们发现那些因为目睹悲惨情景而受到惊吓，从而久久无法摆脱恐怖画面的学生时，应该主动给予他们帮助，鼓励他们去谈论自己的感受与挫败；并且可以尝试着给他们一些任务和安排，以提高他们的责任感。另外，给予他们一些关于地震和灾难情景的相关教导也十分必要。

除此之外，老师还可以把有着相同经历和感受的学生组织起来，共同谈论那些悲惨而恐怖的画面，以让这些学生获得一种同伴间的支持。当学生把自己的不安和害怕的情绪表达出来后，作为老师，我们要以肯定和支持的口吻说明他们所出现的这些反应都是正常状况。若发现尝试了很多方法后，学生依旧感到无法摆脱那些恐怖的画面，行为失控，退缩，情绪长时间涣散和低迷，老师可以进一步向相关心理辅导专业人员求助。

三、家人如何给这样的孩子心理支持

当您的孩子时常向大人们诉说灾难时的情景，并且诉说时感到恐惧和悲伤，作为家长，首先我们不能责怪孩子，更不能骂孩子是胆小鬼。相反，要让孩子知道这种由于无法逃避的画面而产生的不舒服感是很正常的事情，并且对孩子的这种坦诚揭露经历和表达情感的反应给予适当的鼓励和支持。另外，要对孩子充满耐心，不要期待孩子在一夜之间就变得懂事、听话起来。对于不同年龄段的孩子，由于其心理发展水平不同，对待方法也应有所差异。

1. 如果您的孩子在 3 ~ 5 岁之间

这个年龄段的孩子很容易丧失安全感，因此额外的搂抱和抚爱对他们非常重要，在日常生活中，不要随意离开处于害怕中的孩子。您还可以在孩子睡觉前陪他唱歌或讲故事，把孩子搂在怀里睡觉。要维持孩子在作息和饮食上的规律性，如每天能有固定的时间陪孩子吃饭、散步、做游戏等；要协助孩子用简单的话把自己因为不断地回忆起悲惨情景而产生的恐惧悲伤情绪表达出来，要有耐心倾听并能容忍孩子不断重复所看到的可怕情景，慢慢地引导孩子产生对灾难的真实看法。

2. 如果您的孩子在 6 ~ 10 岁之间

对这个年龄段的孩子，在充分理解并倾听让他们感到恐惧的画面或故事的基础上，您还需要帮助他们尽快恢复以前的生活作息，逐步让他们重新掌握自己原来可以掌控的生活步调。您需要学会分享他们的故事，鼓励他们把这些故事写出来，或把脑海中感到恐惧的画面画出来，然后与他们进行谈论，循序渐进地协助他们产生对灾难事件的真实看法。除此之外，经常抚摸和拥抱他们，鼓励他们多参加同伴间的游戏活动也非常重要。

3. 如果您的孩子在 11 ~ 15 岁之间

这个年龄段的孩子在经历了这次灾难后，可能会产生一种世界是不安全的感觉，从而脑海中不断浮现地震时所看到的可怕景象。对于他们，首先也要鼓励他们和家人或亲近的大人谈论对灾难的经验和感受，要让他们知道不断出现这样恐怖的画面，产生恐惧哀痛的感觉都是正常的。其次，鼓励孩子去学校读书，多参加同伴间的活动，多参加体育运动。在家里，可以给孩子布置一些力所能及的事，如照顾弟弟妹妹、做些家务等，还可以鼓励他们去参加一些志愿者活动，这些都能给他们带来成就感，建立自尊。

4. 如果您的孩子在 16 ~ 18 岁之间

这个年龄段的孩子，对于灾难和死亡都有了一定的认识，因此在其发泄和表达出自己的恐惧后，可以坦诚地和他们就灾难和死亡的意义进行讨论，让他们了解“灾难会造成心理创伤”的事实，并知道需要一段时间来克服。当那些目睹的悲惨情景久久无法忘怀时，可以带领他们去回想在灾难发生前的美好事情，比如第一次带他们去看火车，旅游时在一个陌生的城市看到的美景……尽量让他们回忆起细节，然后逐渐让他们意识到：如同那些美好的景象一去不复返，那些灾难的画面最终也只会被丢在过去。除此之外，鼓励他们多和同伴交流，积极参加体育活动，把感受用文字记录下来，做些家务或志愿者活动，这对消除他们不断回想的恐怖画面也有重要作用。

另外，家长还要注意媒体报道可能对孩子造成的影响。灾害研究表明，在电视上出现的意外消息或画面常常会令人感到恐怖，因此最好不要让孩子观看有关灾难的新闻报道，尤其是年幼的孩子。而当发现孩子出现一些行为问题或长期的抑郁低迷，或者个性改变的迹象时，您要及时加以关注，必要时要寻求专业人士的指导和帮助。

四、朋友可以给他们什么帮助

朋友是一辈子的财富，尤其是共同经历过灾难、恐慌和悲伤的朋友，更是在生命中有着特殊的意义和重要的作用。目睹了灾难时的悲惨情景，每个人都会产生恐惧的心理，并且这种恐惧会持续一段时间。随着时间的流逝，有些人已经慢慢地从悲伤中恢复过来，投入到新的学习和生活中，而有些人可能依旧会经常回想起那些恐怖的画面，从而感到惧怕和悲伤。当你的朋友由于无法忘记目睹的悲惨情景而恐惧时，他需要你的帮助。在试图帮助朋友的过程中，你可以尝试使用下面的方法：

1. 无声的陪伴

当你的朋友因为反复回想起曾经遇到的恐怖画面而紧张得一句话不说时，你可以拉着他的手或搂着他的肩膀，无声地陪在他身旁。不要害怕沉默，沉默也是一种力量。当你的朋友开始哭泣，你除了可以用身体上的接触和无声的陪伴给予他支持外，还可以递给他一张纸巾或是为他倒杯水。

2. 倾听朋友的诉说

虽然同样的话朋友可能已经说了很多次，但当他再次向你倾诉时，你要有耐心倾听下去，并且鼓励他多说，鼓励他把不安的、悲伤的情绪表达出来。你可以和他一起谈论地震时自己看到的景象，把自己如何克服这些悲惨画面的经验告诉同伴。如果你年纪足够大，已经懂得了一些关于地震和死亡的事实，那么你还可以就这些问题和朋友进行讨论。

3. 多和朋友玩游戏

还记得大家以前最喜欢的游戏是什么吗？可能是跳方格、老鹰捉小鸡，还可能是猜谜语、讲故事。继续你们之前的游戏。另外还可以想办法创造些新的游戏来玩耍，利用周围一些常见的沙子、小石块、树枝等，你会发现你们原来可以创造出这么多奇思异想的新游戏来。你们甚至可以利用这些玩具来模拟地震发生时的情景及看到的画面。

4. 和朋友一起参加一些活动

比如在学校里帮助老师做些力所能及的事，做一些志愿者工作等，你会发现这些活动不仅会减轻朋友的恐惧害怕情绪，还将加深你们之间的友谊。另外，你们还可以一起设计活动，比如收集一些关于地震的知识，设计一些周末活动等。

五、媒体需要注意些什么

灾难发生后，大批记者、媒体朋友不顾个人安危奔赴前线，为人们及时、准确地了解灾区情况作出了巨大贡献。但是，当面对那些因为目睹了悲惨情景而受到惊吓的孩子们，你在工作时应该注意以下两点：

1. 当你采访这些孩子时，一定要“不压制”、“不强迫”

不压制是指在采访时，当孩子向你诉说了那些悲惨的画面，并且因为恐惧而悲伤流泪时，请不要压制他们的情感表达，不要说“不要哭”，“你要坚强”之类的话，要知道他们现在的一切行为和情感都是正常的。当孩子哭诉完，沉默下来后，请你能耐得住这种沉默，而不是急匆匆地询问下去。而当孩子不愿意在你面前谈论这些让他感到可怕的情景时，请不要强迫他们去回忆、去诉说。

2. 你在采访时不要打扰孩子诉说

你在采访时，发现有孩子正在向家人、老师或同伴诉说那些恐怖的画面，并且伴有紧张、恐惧、哭泣时，请你不要去打扰。

这时孩子所处的环境对于他们而言是相对安全的，请不要因为你的鲁莽插入而使得孩子再次丧失安全感。即使是拍摄也往往是不适宜的，因为你的这一举动可能会影响到孩子们正常的情绪表达。

除此之外，当有心理辅导人员正在给孩子做辅导时，你如果决定前去采访或拍摄孩子，请征得辅导人员的同意，并请配合辅导人员的工作。因为，大家的目的都是为了让灾区的孩子尽快从悲伤和恐惧中振作起来，而在这一方面，心理辅导人员是专家，他们更懂得怎样去抚慰这些受伤的心灵。

【读读他/她的故事】

小白是一名高一的学生，地震发生时，他正在教室上课，就在短短的一瞬间，小白所在的楼层就塌了下去。在老师的带领下，小白和班上的一些同学从教室里冲了出来。然而就在小白逃出的一刹那，整座教学楼在他的面前轰然倒塌，来不及逃出的学生和老师被深深地埋在了废墟之下，整个学校一下子笼罩着浓浓的烟。

在救援队把遇难同学的尸体挖出来时，那些压得几乎变了形的尸体，让他很难清晰地辨认出这些同学。他们都是小白的好朋友，有几个甚至是从幼儿园开始就在一起玩耍的朋友，然而现在，摆在面前的只是一具具惨不忍睹的尸体。遇难同学的家长在哭泣，喊着自己孩子的名字。

灾难已经过去一周了，可是每当闭上眼时，当时悲惨的情景都会历历在目。他选择和几个逃出来的朋友把自己的这种状况表达出来。在获得伙伴的理解和支持后，他和伙伴们商量，决定花一天时间去做那些遇难同学生前最喜欢的活动，包括打篮球等户外活动。之后，他们选择了一个安静的场所，举办了追思会，在追思会上大家一起谈论这些同学，并叙述他们对遇难同学的怀念。最后，他们以叙说"过好自己的生活，就是对遇难者表示哀悼的最佳方法"来结束这场追思会。小白还和同学商量，决定报名去参加社区的志愿者，去帮助社区分发救灾用品等。

在这些活动完成后，小白就积极投入到了志愿者服务中。在与同伴的交流中，小白逐渐摆脱了这些悲惨情景的困扰，并逐渐意识到了生命的美好和自己肩上的责任。

【我的心里话】

孩子，可能你还很小，还不是很懂得什么是丧失；可能你已经开始懂事，开始慢慢懂得了生命的意义和美好……无论你处在哪个年龄阶段，当你时常被那些悲惨情景困扰时，都请你勇敢地把内心的恐惧说出来。在全国人民的呵护下，你是安全的，永远永远……如果当你尝试了很多方法后，依旧感到无法抹去这些画面，那么也别怕，你可以和心理专业人员取得联系，以寻求更专业的帮助。

【“心”留言】

第二节　因为地震而遭受惊吓的孕妇

一、心理受到强烈刺激的孕妇如何自我调节

地震对人们心理的伤害除了产生恐惧、害怕感外，还会带来失眠、易怒、过度警觉、惊吓、坐立不安、心跳加快等身体反常反应。妊娠是女性一生中的一个特殊时期，由于胎儿的生长发育，导致母体各方面负担都加重。鉴于孕妇的特殊性，地震对孕妇造成的心理伤害会更大。地震给孕妇带来的情绪变化会影响胎儿的发育，可以说孕妇的情绪是否稳定对胎儿的身心影响很大。孕妇的悲伤、忧愁、抑郁、大怒和惊吓等刺激对胎儿都是不利的。良好的心理状态有利于胎儿的健康发育，为此，孕妇要积极调整好自己的心理状态，学会自我调适，走出这段历程。

1. 勇敢地接受和面对事实

大多数灾难往往非人力所能抗拒，它给人类的财产甚至生命带来了非常大的损害，造成了很严重的后果。对于灾难的发生及其带来的后果，我们要

敢于承认、面对和接受。地震的惨烈景象，在人们的记忆中留下了深刻的印象，常常在很长时间以后都无法淡忘，甚至留下终身的影响。因此，对于大灾难，你的害怕是正常的。在灾难面前人们所有的反应都是可能的，你可能在晚上会做噩梦，或许你害怕不确定的未来，怕灾难会再次发生，你害怕、难过、伤心、绝望等，这些都是正常的反应。经历这场巨大的创伤后，如果出现无法抑制的恐怖情绪，或者反复回忆灾难情景，请不要惊慌。这是十分正常的，即使它影响了你的正常生活，也不要担心，不要排斥恐惧情绪。你可以试着告诉自己："没有关系，我现在很害怕，很悲伤，但这些都是正常的，它们会停留一段时间，我需要给自己时间，我会从现在的情绪中走出来。"我们需要明白的是灾难已经过去，我们现在是很安全的。

2. 宣泄自己的情绪

对于突如其来的大灾难以及灾难带来的严重破坏，你的愤怒和生气都是正常的并且是必要的。你可以对大自然、命运以及现在的环境不满意甚至生气，如果出现这样的情况，我们不能闷在心里，可以用身体或者语言方式去发泄自己的愤怒。但是，我们要学会用恰当的方式去宣泄自己的这些情绪。

你可以试试下面的方法：当你的心情非常压抑时，你可以通过急促、强烈、无拘无束的喊叫以及击打枕头等方式将内心的恐惧和郁闷发泄出来。采取适合你的方式去宣泄情绪，但是注意不要伤害自己以及帮助自己的人，要记住还有你肚子里的小宝宝，千万别伤害到他。当你选择了表达情绪的方式，用健康的途径去发泄，你就能避免意外和疾病。

3. 向别人倾诉自己的感受

灾难发生后，你也许还沉浸在惊吓中。你对这场灾难有很多切身的感受，不妨主动向自己的家人、知心朋友倾诉自己内心的感受和痛苦。请记住，家人、朋友和你也许有着类似的经历与感受，试着和他们谈谈会降低你的恐惧感。你试着表达、发泄出自己的感受，就有机会从伤痛中恢复过来。如果我们强迫自己去压抑这些情绪或想法，反而会造成精神上的紧张和身体上的不舒服，这样会延长我们恢复的时间。不要隐藏我们的感受，试着把我们的感受说出来。学会倾诉是自我调适最好的办法，其最大作用在于打开我们封闭的心灵，摆脱心理压力。

4. 转移注意力和自我放松

灾难给你们带来了严重的后果，这已经成了事实。但是灾难已经过去，如果你还沉浸在对灾难的恐惧中，你可以转移你的注意力。你可以把你的注意力转移到你即将来到人世的小宝宝身上，可以和他说说你们之间的悄悄话。不要让灾难给你带来的恐慌带走你的注意力，小宝宝在你肚子里的一举一动也可以吸引你的注意力，并能给你带来不一样的感觉。想着他，你会发现是一种很幸福的感觉！

灾难发生后，你的身体和心理都处于极度紧张的状态，尽量让自己的身体和心理放松下来。下面一些方法可以帮助你，试着做做，你会有新的发现。

渐次放松：交替地绷紧和放松你身体的每一部分，从脚指头开始，一直到头皮。伴随着绷紧和放松同时进行吸气和呼气。将你的右脚用力向脑袋靠近，同时吸气；然后放下来，同时呼气。吸气时绷紧右小腿，呼气时放松。让呼吸穿过你的肩膀，或任何你感到紧绷的地方。想象你可以引导呼吸通过紧张区，同时也从这个区域呼出。你可以设想你的紧张伴随呼吸被排出，消失在空气中。

用音乐消除紧张：一些音乐可以用来安抚人的紧张情绪。如小溪的潺潺流水声，大海的波涛声，暴风雨的声音。

5. 必要时求助专业人员

你完全可以通过自我调节回到灾难以前那种正常的状态。如果你觉得自己不能从灾难中走出来，还是很恐惧，这会给你的生活带来很大的不便和影响。其实，你不用担心，还有我们这些心理专业人员，你可以向专业人员求助！在这个时候大家都愿意帮助你，只要你说出来！不要拒绝帮助，帮助你的人都是真诚的。

二、丈夫和其他亲属如何抚慰帮助孕妇

灾难过后，孕妇会出现担心、害怕、焦虑、紧张等心理问题，由于这些不良心理反应会导致过多的依赖情绪，希望自己的亲人都在身边，给自己安全感。因此，作为孕妇的亲人，特别是丈夫要尽力多关怀、理解和帮助她，使其多感受到周围亲人们的爱护，消除心理压力。

1. 允许她们表达出自己的情绪

灾难给她们带来了挫折、害怕及悲伤的情绪，作为她们的丈夫以及家人要允许她们表达出情绪并接受和提供支持，允许她们哭，帮助她们说出感受。不要阻止她们对伤痛恐惧的诉说，要让她们说出自己的恐惧、担心和害怕，这是帮助她们减轻恐惧、害怕的重要途径之一。孕妇在灾难后出现一些不良情绪，会发泄自己的愤怒，这是正常的。对于丈夫和家人来说要理解，要允许她们表达因灾难而带来的挫折、害怕及悲伤等情绪。

2. 陪伴和支持她们，给予关心

作为丈夫和她们的家人要对孕妇给予鼓励和支持，在生活上要给予无微不至的关怀，解除她们的负担，避免不良刺激。丈夫要第一时间出现在她的身边，给她安全感。除了通过身体接触的方式让她感到身边有人在陪伴外，你还可以给她一些柔软的物体如抱枕、布娃娃等让她抱着。多用肢体接触来表达你对她的关心，例如握住她的手，拍拍她的肩，拥抱等。

丈夫要多引导妻子接触一些美好的事物，多做一些有益的活动。比如丈夫让妻子多看一些能激发母子情感的书籍或影视片，还可以多与妻子谈谈胎儿的情况。提醒妻子注意胎儿的各种反应；与妻子一起描绘胎儿在肚里安详、活泼、自由自在的形象；一起想象孩子漂亮逗人的小脸蛋和健壮完美的体形。让妻子的注意力从灾难的恐惧转移到自己的小宝宝身上。要知道，这对增加母子生理心理上的联系，增进母子感情是非常重要的。

丈夫要帮助她宣泄心中的郁闷和愤怒。发怒是由强烈刺激引起的一种紧张情绪，丈夫要尽量避免让妻子受到这种强烈刺激，多创造缓解孕妇紧张情绪的外在环境，引导妻子学会自我放松和自我平衡。同时，丈夫要多开动脑筋，丰富妻子的业余生活。

当妻子心情抑郁时，作为丈夫不应被妻子的情绪所感染，相反要多体谅和理解妻子。丈夫要尽量表现出宽容和温柔，引导妻子控制好自己的情绪，多为孩子着想，因为低落的情绪对胎儿的发育确实没有什么好处。尽量多陪妻子做一些开心的事，和妻子一起读有关书籍，欣赏音乐。这样既可以增进夫妻之间的感情，也会使妻子心里充满爱意和甜蜜。

三、朋友如何给予孕妇支持、帮助

1. 陪伴和倾听

无言的陪伴是恐惧者最重要的药方。很多人以为帮助别人需要一些语言来安慰她，以使她觉得好受一点，但根据心理学理论，这是极错误的做法，因为你此时说出的话，其实大部分是为了减低自己内心的焦虑，对恐惧者而言是没有用处的。而真正有效的是你的存在及陪伴，对她们而言，无言的陪伴会产生极大的安抚作用。

允许她说出自己对灾难的感受以及各种感觉，支持与接受她表达情绪，还可以帮助她说出感受。在这个时刻我们没有办法去减少她内心的那种恐惧，但是我们的陪伴、支持与安慰仍然有重大的作用，其中最重要的意义就在于我们能够去接触她们内心的那种痛苦和恐惧，这样的陪伴、支持和安慰能够让我们与她的心灵产生一种联结，这种联结能陪着她们去承受、经历和感受这段痛苦的生命历程。

2. 交流彼此的感受，互相鼓励和支持

灾难给大家带来同样的影响，大家都经历同样的劫难。大家可以在一起谈谈自己的感受，互相支持和鼓励。请记住：在灾难的不幸之下，你不是孤独的，可以和其他有同样经历的朋友相互扶持，一同走出这段经历。

第三节　因为地震而受惊吓的老年人

老年人年迈体弱，各种生理机能衰退，地震致使其精神紧张、心里恐惧，从而导致内分泌失调或某些生理机能更加衰退，甚至诱发头晕、头疼、心脏病等疾病。有些老年人过去患有的某种病治好了，因地震导致的精神紧张、心里恐惧又诱发了旧病；有些老人因为余震不断产生一系列条件反射，当余震一发生便更加恐慌，心情烦躁。恐惧和担心的主要表现有：担心地震会再次发生，害怕自己或亲人会受到伤害，害怕只剩下自己一个人，害怕自己崩溃或无法控制自己。

一、老年人自己如何调节

人类是在灾难中生存和发展起来的，灾难是对人心理素质的考验。面对灾难，我们更应该学会心理自助。心理自助是在遭受巨大心理打击的情况下通过自身的心理调适、心理暗示，尽快摆脱灾难和刺激在心中造成的强烈恐惧感和心理创伤。老年人在地震中受到惊吓，会造成焦虑不安、精神不振、生活兴趣低下、生活质量下降。要克服这些问题，老年人应该学会自我心理调适。

1. 说出自己的感受和感觉

不要把自己的感受和感觉闷在心里，要勇敢、大声地说出来。不要隐藏感觉，试着把情绪说出来，并且让家人一同分担悲痛。不要因为不好意思或忌讳而逃避向别人谈及自己的痛苦，要让别人有机会了解自己。老年人可以通过各种途径把负面情绪及时释放出来。

2. 保持乐观精神，充实自己的生活

老年人对生活要充满信心，尽量发挥自己在知识、经验、技能、智力及

特长上的优势，寻找新的生活乐趣。拓展丰富多彩的生活空间，把生活内容安排得充实点，如练书法、学绘画、种花草、读书看报等。这样既可以舒展身心，又可以学习新知识，使生活更有意义。保持乐观情绪，保持好奇心，时刻保持积极向上的心理状态。

3. 重视人际关系和心理交流

老年人既要注意联系老朋友，又要善交新朋友，要经常和好友聊天谈心，交流思想感情，做到生活中互相关心体贴，思想上沟通交流，在集体活动和人际交往中取长补短，汲取生活营养，使自己心情舒畅、生活愉快。对于自己内心的一些感受可以在知音好友中宣泄，互相安慰，这有助于心情舒畅，对保持心理平衡能起到重要的作用。多接触不同年龄层次的人，特别是从年轻人那里吸取青春活力，使自己的心理保持年轻，身体保持健康。

4. 注意身体健康

老年人要保证足够的睡眠与休息，如果睡不好可以做一些放松和锻炼的活动；保证基本饮食，食物和营养是我们战胜疾病创伤、恢复健康的保证。与家人和朋友聚在一起，如有任何的需要，一定要向亲友及相关人员表达。要注意进行适度的锻炼，并循序渐进，持之以恒。

二、子女们可以做些什么来帮助年老的父母

子女体谅照顾父母，这种情感是支撑老人生命力的精神支柱。子女们不仅要从物质上，更要从精神上、心理上关心照顾父母，让老人时时刻刻感受到快乐和温馨。

（1）子女们每天要抽出时间来多陪伴老人。老人有很多话需要诉说，需要别人来倾听，而自己的子女对于他们来说就是最好的听众。子女们应多陪陪老人，和他们聊聊天。老人从子女的关心中所感受到的亲情胜过任何补药。

（2）鼓励老人每天进行身体锻炼，定期为老人进行健康体检和健康测评，特别是关注老人心理、精神状态的变化。营造良好的家庭情感氛围，保持亲密关系，子女应该特别注意相互的沟通，使家庭成员能够敞开心扉，互诉衷肠。

（3）对于子女来说，在对老人生活、物质上给予关心、帮助的同时，万

万不能忽视对老人心理上的安慰。你可以抽出时间陪老人坐一会儿，谈谈外面的世界，听听老人的絮叨，还可以拉着他们的手，轻轻地靠在他们身边，给他们以身体的接触，这些都会使老年人的心理得到满足。

三、救助者如何帮助这些老年人

老人们是一个容易被忽视的群体，他们有丰富的社会阅历，对事物有很多见解和看法。但是他们和其他群体的交流较少，这对于他们灾后的心理恢复不利。因此应该重视老年人，重视他们的心理需要。

对于救助者来说，帮助老年人的一个重要的办法就是倾听。不要告诉他应该怎么做，这样等于否定他们的做法，否定他们以前的努力和感受，对于他们来说这是一个很大的打击。因此你想给他们帮助时，一定要有很好的倾听能力。老人们肯定有很多话要说，你要耐心地听。

要知道你能给老人最具力量的帮助就是为他们留下探索自己的时间和空间。倾听是需要时间的。我们需要倾听的是：第一，听他们经历了什么，这是基本的。第二，听他们对这次经历的感受，这才是我们心理救助者应该关注的重点。老年人由于社会阅历丰富，对于这次经历有很多自己的看法和切身感受。我们要善于倾听他们的感受，并在倾听的同时给予理解和回应，也就是要肯定对方的感受是合理的。很多人会告诉他们要坚强和努力，其实这是一种错误的做法。因为这样做，实际上是在给他人施加压力，不允许他们表达脆弱的一面。而只有当人们有条件表达脆弱的时候，才会有更多的力量面对生活的艰辛。

在倾听的同时，我们要有表情地回应。我们听他们讲的时候要努力体会和他们在一起的状态。我们要进入他们的情绪世界，用心去感受他们的感受，而不是分析他们的思想。老年人的思想不需要我们去分析，他们觉得救助者还没有这个资历去分析他们。当我们有自己的感受时就应表现出来。当你有这些反应的时候，他就会感觉到他所有的脆弱都是被肯定的。因为被肯定对于脆弱的人来说是非常大的鼓励。

我们要努力做到倾听。要知道，每次倾听有肯定和支持的表情作回应，就是帮助对方向复原的道路迈进了一步。

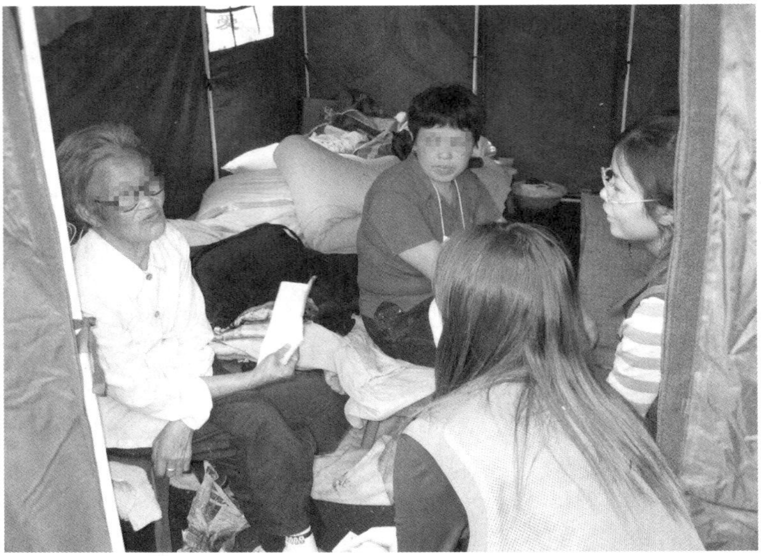

四、政府部门可以做些什么

政府部门在这次救灾过程中起了很重要的作用。对于老年人这个群体，政府部门更应该多关注他们。对老年人加强宣传引导，做好灾区老年人的心理疏导和思想工作。要帮助他们克服恐慌情绪，引导他们积极开展自救互助工作。要帮助他们坚定战胜困难的决心，引导他们支持、配合救援工作。

政府部门要及时了解老年人的困难，收集信息，主动帮助老年人。特别是那些孤寡老人，他们尤其需要关心。政府部门要帮助、协调解决老年人食、住、用等现实问题。另外，还需重视老年人的精神需要，多组织一些适合老年人参与的活动，这对于他们情绪的疏导有很重要的作用。

【读读他 / 她的故事】

“我还帮忙救出了七个人呢！”60 多岁的李大爷脸上露出了兴奋和自豪，这时陪伴他多时的志愿者终于宽下心来了，李大爷多少已经宣泄了心中的痛苦。李大爷刚刚经历了失亲之痛——地震当天，老伴被埋在坍塌的房屋下。十多天过去了，他一直压抑着自己的情绪，不太和他人聊地震当天的情景。志愿者需要做的就是引导他宣泄出心中的痛苦，耐心倾听。“地震时你在哪里?”“我在外面……”简短的回答，麻木的表情，呆滞的眼神，似乎在说着别人的故事，“跑回家，发现房子倒了，她（李大爷的妻子）被压在了下面。当时我就挖啊，我知道她一定在下面，一定……可是石头很大，我挪不动，我……真恨自己……”望着远处灰蒙的天空，他极力使自己冷静下来，但是赤红的双耳、颤动的双手不听使唤，“15号……解放军终于把她从废墟中挖出来……”这时他再也控制不住，泪水直往外流……

片刻，他稍稍叹了一口气，“这样的天灾也是没办法的，还好躲过了……挺好的”，他顿了顿语气，似乎在给自己打气，“生活还是要继续，我会好好生活的”。相信李大爷一定会过得很好！

【我的心里话】

这是一场空前的灾难，对你们来说，也许早已超过了承受能力。说出你们的感受，让我们与你们一起去感受。你们不是孤单的，要知道每一颗善良的心都和你们以同样的节奏跳跃着。大家是一个集体，让爱在彼此之间传递。

【“心”留言】

【本章小结】

孩子们，那些恐怖的灾难场景出现时，你会感到害怕、愤怒，这都是很正常的反应，不用克制自己不去想，也不用恐慌，你可以说出自己的感受，你会发现说出来以后会舒服很多。如果不想说，就找个空闲的时间和安静的环境用笔写下自己的感想，抑或用画画的方式来表达自己的情绪。当然别忘记你的那些小伙伴，多和他们交流、做游戏。

对老师和家长来说，要掌握一些方法去帮助那些受到惊吓的孩子。可以采取下面的方法：用身体上的接触让他们觉得有安全感，给予他们适当的关注，鼓励和帮助他们表达自己的情绪，及时给予支持，培养他们的责任感，注意团体间的支持。可以通过无声的陪伴，耐心地倾听他们的诉说，鼓励他们表达出自己的不安和悲伤情绪。多和他们做游戏，邀请他们参加团体的活动。

孕妇要学会自我调适，走出这段经历。勇敢地面对它，不要排斥恐惧情绪；学会用正确的方式去宣泄自己的情绪，勇敢地向自己的丈夫、家人以及朋友说出自己的感受；把自己的注意力转移到自己的宝宝上；学会放松。当然如果你需要帮助可以向专业人员求助。作为丈夫、家人和朋友要允许她们表达自己的情绪，并给予理解、支持；陪伴和支持她们并给予无微不至的关心；互相交流感受。

老人要说出自己的感受，表达出自己的情绪，培养自己的兴趣、爱好，多参加一些集体活动，当然不要忘记保护好自己的身体。子女们要多陪伴老人，不仅要给予他们物质上的关心，而且要关注他们的心理健康，多陪他们聊天，给予他们精神上的支持。救助者要善于倾听老人们的感受并给予表情上的回应，相信他们会慢慢复原。政府更要对老年人多加关注，不仅关注他们的生活，而且要重视他们的心理需要，帮助他们疏导情绪。

第十章　经历地震但心怀愧疚、不能释怀的人们，听我对你说……

地震后，内疚和自责作为一种主要的负面情绪在震区和全国各地蔓延开来，在幸存者和救援人员中弥漫开来。面对地震造成的重大人员伤亡和损失，强烈的责任感、道德感和良心驱使他们非理性地将一些责任不同程度地归结到自己身上，对于一些无力挽回亲人和受困人员生命的情形都心怀愧疚。这种负面的情绪在折磨着他们，以致出现许多不良的身心症状，对于这种普遍负面情绪的关注与处理是心理救援工作者的工作重点之一。下面我们将带领大家一起认识这一现象，并探讨疏导之法。

第一节　震后形形色色的内疚

一、这是我的错吗

1. 孩子们的内疚

（1）“因为我不乖。”在一篇震后的报道中，有个记者问一个小朋友：“你知道为什么会地震吗?”那孩子回答：“因为我不乖。”我们可以想象，这个从满目疮痍的废墟中走出来的孩子，在回答记者提问时脸上带着的那种懊恼而自责的表情。

（2）“我不想去想，求你别让我想了。”在地震时，已经处于安全地带的崇州市怀远镇中学的英雄教师吴忠红从三楼返回施救。在教学楼垮塌的瞬间，用最后的力量把两名学生从死神手中夺出，自己却被余震导致的坍塌埋在了废墟下，失去了生命。在吴老师的追悼会上，被救出的学生几度哽咽，告诉记者这几天她们没有出过门，都待在帐篷里“想事情”，没法入睡。其中一个学生的亲人说，孩子一直把自己关在安置的帐篷内，痛哭不止，与往日那个活泼开朗的天使判若两人。

（3）“我是饭桶。”在一篇心理救助志愿者的日志中，他讲述了这样一个故事：有个女孩在地震发生前，因为她爱吃冰镇的食物，就缠着爸爸给家里买冰箱，爸爸工作忙，想晚两天再买，但她不干，要爸爸立即买。因为这个原因，地震发生那一天，她爸爸恰好留在家里，结果腰被砸伤了，伤情很重，对于爸爸的重伤，她感到很内疚，恨自己是个“饭桶”，从而导致自己出现了进食障碍的症状。

（4）“为什么独自留下我？”北川中学某班几十名学生中只有一名同学得以生还，对于全班同学的不幸遇难，他心怀愧疚，认为自己不应该还活在这个世上。在一开始的心理干预中，该生手脚冰冷，神情木然，一言不发，直至心理专家进行心理干预后才有所好转。

2. 老师们的内疚

（1）“我好自责，没能救自己的学生。”据《重庆晚报》报道：地震被埋的北川中学教师杨汉德，躺在病床上一直自责没能参与抢救自己的学生。地震时，杨老师正在给学生上课，正回头叫学生们快跑时，他发现教室的天花板已经塌了下来，还没来得及说话，一阵剧烈的强震猛然将他抛到了教室的大门外，他眼前一黑，就什么都不知道了。后来他被其他师生救出。“为什么第一个被压倒的是我？”回想起那残忍的一幕，杨汉德再次用手捂住额头，泣不成声。他说，如果他不是第一个被压倒在废墟中，他肯定会尽到一个老师的责任，最大限度地将学生们安全救出，而不是让师生们来救他，失去了救其他学生的宝贵机会。

（2）“恨自己没有救出自己以前带过的孩子。”有时，甚至是贡献越大的人内疚情绪越重。都江堰市新建小学的一名老师绝对是一位英雄，她连推带拉地将班里被吓呆的孩子转移到了安全地带，但困扰她的最大的情绪却是内疚，因为她恨自己没有救出自己以前带过的孩子。

3. 痛失亲人的幸存者的内疚

（1）“我为什么还活着？”躺在绵阳市中心医院，北川县居民彭国栋一遍一遍地重复着这句话，像是在询问，又像是在喃喃自语。彭国栋的妻子和父母被永远地埋在了自家房屋下，儿子则至今下落不明，而自己的一条腿也被截肢。“我没有活下去的勇气了！”这个七尺男儿几次痛哭得昏死过去。

（2）“当时我要是坚持让她早些过来就好了！”一位女士的母亲在地震中遇难了，在外地打工的她自责不已，因为在震前几天她曾答应把母亲接到自己身边，但是母亲因为在家还要处理一些事情，迟走了两天，结果就发生了这样的不幸。这位女士一直深深地自责：“当时我要是坚持让她早些过来就好了！”

4. 救援人员的内疚

（1）“我要做很多很多事情……”据《广州日报》报道，本次地震的心理救援志愿者武志红在他的博客中写道：“这令我感觉到明显的内疚，并立即开始想，我要大大提高我对灾区的捐款额，我要做很多很多事情……”，“所有志愿者都忙碌了一天，做了很多事情，但内疚却是当晚我们分享感受时的最集中情绪。”

（2）志愿者因内疚而自杀。救援人员在地震中援救被埋在地下的人员失败后，心中的愧疚尤甚。这种明知道人还活着，但是却不能救出的遗憾，导致了他们对自己的能力的否定和怀疑，使得自己原有的信念体系崩溃。这种对现实控制感的失去，让他们对自己的人生价值产生了怀疑，甚至是否定。这种内疚的情感通过各种身心症状表现出来，包括自残、进食障碍、抑郁等。令人更加震惊的是我们听到了一名志愿者因为没能救出被困人员而自杀了。据这名志愿者的朋友讲述，该志愿者自己觉得因为救援的无力，亲眼看见被困的人一点点失去声息，然后死去。自责和内疚交加，加上灾难带给他的浓重的心理阴影，他选择了离开这个世界。

（3）一名日本的救援者因为未能救出活着的被困人员而辞职。中国网友在浏览日本雅虎新闻网站上有关日本救援队从中国撤退的消息时发现，有位自称是日本救援队成员的人在新闻跟帖中说，自己的队友因没能救出一位活着的中国人，精神深受打击，并已决定辞职。

……

类似的报道层出不穷，不胜枚举，一个个让人心碎的故事震撼着每个人的内心，他们内疚时的无奈的呼喊，也揪痛了我们的心。

二、我还能做些什么

地震之后有很多人为自己地震时的所作所为内疚不已，导致对以前的自我评价、自身价值观出现崩溃。在大灾面前他们体验到了人的渺小与无力感，导致对自己能力的过低评价，自我认知的无力感，他们对自己将来的重建失去了力量和勇气，不知道自己还能做些什么。现在他们要做的是说出自己的内疚。我们应该看到灾后还有很多的事情要做，我们要重建家园，还有很多的人需要帮助，幸存下来的家人、亲友和学生需要我们的帮助，我们还有力气，还可以做一些现在能做的事情。在地震时我们没有完成、没有做到的事情，我们现在可以加倍努力地去完成。

【读读他 / 她的故事】

复旦大学心理分析专业教授申荷永认为，地震灾区的教师群体是容易被忽视的。在这次地震中，很多学校坍塌，导致很多学生不幸遇难，作为老师，他们承受了很多压力，也是遭受内疚情绪折磨较严重的群体。让我们听听他们的故事，试着去理解他们的感受。

地震过后，一些学校建筑发生坍塌，很多没有来得及逃出的学生被掩埋，以致失去了鲜活的生命，为人们所痛惜。孩子的家长在悲痛之余更是出现愤怒情绪。据报道，有些家长将愤怒的情绪发泄到学校老师的身上，部分家长来到学校谩骂甚至掌掴幸存下来的老师。同样是这次地震的受害者的老师，本来心中因为没有救出全班孩子而难受不已，家长们的不理解与冲动举动加大了他们的愧疚感。有些老师因此而出现严重的情绪问题，不敢上街，不敢面对家长的眼神，一想到昔日学生的样子便愧疚不已，认为都是自己的错，把孩子们遇难的原因和责任全都归结到自己身上，甚至产生轻生的念头。

（1）“我当时真想从楼上直接跳下去!”

在灾后的某小学针对教师的心理救援活动的团体活动后，一位老师含泪向华南师范大学心理分析专业博士范红霞讲述了自己的遭遇。在震后学校的表彰会上，一些在地震时表现出良好职业道德，不顾自己生命危险，疏散学生，甚至为此付出生命的老师得到学校领导的表扬。但是另外一些老师因为没有这些表现而遭到匿名的批评。这位老师说：“其实他们和其他老师一样爱自己的学生，把他们当作自己的孩子一样。只是地震当时，学生都在较高的楼层，学生们都从楼梯冲下，办公室在下面，我们根本就上不去，心里焦急不已，只能希望自己班上的同学多跑下几个，再多跑下几个……在表彰会现场听到学校领导的批评，感觉头脑一片空白，当时就想直接从开会的楼层跳下去……”其实，每位老师都希望自己能保护好自己的学生，一点都不想他们出事。地震当时对于自己的无能为力，老师本来就心存内疚，学校领导的批评更是让他们愧疚不已。双重的责难，让他们难以承受，心理救助人员要做的是多一份对他们的理解。

（2）“我真后悔当时没有坚持拉她们！”

都江堰市中医院一位医生在谈到地震当时的情形时，脸上的表情内疚不已，他回忆道，地震发生时他在二楼和一群护士一起往外冲，看到二楼窗户，建议大家一起从这里逃出去，但是她们觉得太高，选择走一楼，就在他跳出窗户到地上一两秒钟后，整栋大楼轰然倒塌，几位护士也没有跑出来，全被压在了一楼。“我如果当时再坚持一下让她们从二楼跳下去，她们也许就不会罹难了……”

（3）幸存学生责备他人是因为自责。

北川中学一位高一的男孩和华人心理分析学会的心理援助人员廖琦谈话时，开始先发了一顿牢骚，说学校很无聊，他看到同学们就生气，“这些人真麻木，整天嘻嘻哈哈的，好像地震对他们没有一点影响似的”。接着，他开始批评当时的救援战士，说他们排着队传石头，效率太低，救的人太少。

乍一听，他的牢骚有点道理，但谈到最后，他才承认，其实最折磨他的是自责。

原来，地震发生后，他被埋在废墟中，几个小时后被救了出来，在操场上躺了几个小时，脑子里一片空白，后来没怎么参加救援行动就和同学们被转移走了。他一直痛恨自己软弱，“我作为一个男子汉，怎么不去救人呢！我太没用了！”

等他充分宣泄完自己的情绪后，廖琦告诉他，他当时的反应很正常，他受到的冲击太大，所以需要时间去安抚自己，这是人们的共同反应。接下来，廖琦还请他反思，他的牢骚从哪里来？而他承认，他责备别人其实是因为他很自责。

在对一个班的学生做辅导时，廖琦还发现，这种愤怒很普遍。有一个男孩在做心理干预时痛哭失声，他说恨自己没用，没能救出自己的铁哥们儿，所以他看着谁都不顺眼，所以将怒气发泄到了与自己铁哥们儿有矛盾的同学身上，导致另一个同学难以承受。经过治疗师的耐心分析之后，他才意识到其实这是他对自己的愤怒的向外投射。

【我的心里话】

有内疚感，是源于你对生命的怜惜，是你对自己责任的考量。在这种非人力所能抗拒的灾难面前，你不需要内疚，你已经做了你能做的。我们不是专家，无法准确判断救人的风险系数有多高，你的所作所为，只是大多数人在那种情况下本能的选择，并不表示你是软弱的。这并不是你的错，先从精神上解救自己，再站起来去帮助活着的人，而不是躲在角落里后悔与自责。把你的内疚吹到气球里，扎好，用力踩爆它，振作精神，坦然面对未来。

【心理提示】

我们为什么会内疚

心理学对内疚的界定，多是从道德的角度出发，强调内疚是个体违反了道德标准后而产生的一种情绪状态，是个体良心的发现。在心理学词典上对“内疚”是这么解释的：第一，指个人违反道德规范时的一种内心感受。平常所说的做了错事受到良心的惩罚，就是罪恶感；第二，指一种认识到自己违反了行为道德规范而产生的情绪体验；第三，内疚是一个人觉察到自己对所做的消极行为负有个人责任时，产生的一种带有痛苦的、自责的情绪体验。

大部分心理学家认为像内疚感这种情绪状态只有当个体具有内化了的社会行为道德规范时才会有，因此它不同于简单地害怕来自外部的惩罚，从某种意义上说，内疚感是一种对自我执行的惩罚。

霍夫曼认为，内疚是“个体对他人痛苦的移情性反应”与“个体对引起他人痛苦原因的认知”二者之间的结合。他将内疚定义为一种轻视、厌恶自己的痛苦体验，通常伴有迫切、紧张和后悔的情绪。

可见，以上在震后出现的内疚情绪，是因为我们每个人本身有一个社会行为道德规范。地震时很多人在危急的情形下，没有做到平时能够做到的或者没有去尽到自己被社会要求的社会行为道德规范，比如，老师认为保护好学生是自己的责任，但是如果他没做到，有一些学生不幸罹难了，无疑作为社会要求较高的教师群体，他们就更会愧疚不已；有的人认为保护好家人是自己的责任，但是地震时他却没能救出或者帮助家人避免死亡，内疚情感就出现了；对于救援人员来说，他们给自己制定的“责任”就是“不抛弃，不放弃”，救出所有活着的被困人员，但是，形势的错综复杂却不能让他们尽到他们责任，他们对自己的行为就会有消极的评价，就会产生痛苦自责的情绪体验。过度的自责和愧疚的体验会使他们产生过激的情绪和身体行为反应。

心理学家伊扎德的情绪分化理论指出，内疚是良心中的重要情感，内疚体验是将个体与内疚原因联系起来，除非努力恢复社会协调，不然内疚体验就不会减弱。内疚是将事件的责任和原因全部归结到自己身上，属于“内归因”，将地震中的所有的原因归结为自己的能力不足或行动不力，在救助失败或者未能挽回时就会体验到很多的内疚与羞愧。他们这种消极的归因方式就可能对自己、未来和世界产生消极的思维，如过分概括化，从而导致自我评价降低。在与环境的交互作用中，就会表现出无价值感和无力感及对外界环境缺乏控制力等，从而出现抑郁、焦虑等心理障碍。

有些人易陷入“假如”的牛角尖里，例如：“假如当时我拉他一把，就可以免于死亡或伤害……”；“假如我预先知道房子会倒，就不会买这一间……”；“假如我有挖土的专门能力，我或许可以及时救出……”

地震救援中，有这么一句话给我的印象很深：“求求你们，让我再救一个。”这是一个救援的战士说的一句话。很感人，却也折射出一个事实，救援者尚且如此，幸存者更容易抱有这样一种心理：我其实应该帮助别人，但我却什么也没做，什么也做不了，甚至当身边有人发出求救信号的时候，我因胆怯而放弃了。和这些英雄比起来，对于自己的不作为，没有参与救援的人会认为自己差得太远。

救援人员在地震中援救被埋在地下的人员失败后，心中的愧疚尤甚，这种明知道人还活着，但是却不能救出的遗憾，导致了他们对自己的能力的否定和怀疑，使得自己原有的信念体系崩溃，这种对现实控制感的失去，让他们对自己的人生价值产生了怀疑，甚至是否定。这种否定对于某些人来说是毁灭性的，会使他们一蹶不振，陷入长期的抑郁中，这也是救援人员急需疏导的原因之一。例如，那些给埋在废墟中的幸存者做截肢手术的武警和士兵们，他们肯定会有更为严重的内疚，是亟须心理辅导的一个特殊群体。

第二节　面对内疚我们如何行动

一、饱受内疚折磨的我该怎么办

首先，保证基本饮食。食物和营养是我们战胜疾病创伤，康复身心的保证，养好身体才能去做我们力所能及的事情。经常到外面活动而不仅仅是待在住处。我们可以做一些放松训练，感知与关注自己的身体。

其次，需要认识到出现这些内疚感和自责的念头和反应是非常普遍的，不仅仅是个别人，这是在大灾难后人们的正常的心理反应。如果可以，不妨了解自己内疚情绪的形成机制，从而纠正自己的认知与情绪。

再次，不要隐藏你的情感，试着把自己的内疚情绪说出来，并且让家人、朋友理解自己，共同分担你的愧疚。不要因为不好意思或担心别人谈论自己而不讲出来，要让别人了解自己，也要试着去接受自己在地震中的弱点和不足，接纳自己的优缺点，重塑自我形象。

如果感觉到自己不能够很好地处理这种情绪，不要讳疾忌医，要寻求心理援助。

1. 亲人如何对待他们

当家人出现内疚的情绪时，作为亲人要学会仔细倾听他们的讲述，让他们放心大胆地讲出他们的感受和担忧，包括他们的梦，去理解他们出现的不良情绪和身心反应，带领他们到外面活动而不仅仅是待在住处，建议他们做一些放松活动，感知与关注自己的身体。如果是儿童和青少年，要鼓励他们和家人或亲近的大人谈谈内疚的经验与感受，也可以让他们通过绘画等形式来表达；让孩子知道出现这些强烈的哀痛、罪恶、羞愧等反应都是正常的；协助孩子寻找一些能带给他们成就感或建立自尊的活动；鼓励孩子去做运动或跳舞，增强其对自己的身体和意识的控制感，建立起自信。通过放松训练、游戏，获得自我成就感，可以通过沙盘游戏等专业治疗方式让其寻求内在的支持力量，获得自我认同，重获对自己的掌控感；注意他们在家中、学校以及同侪间的行为；协助他们了解“灾难会造成心理创伤”的事实，并知道需要时间来克服；当出现忧郁、自残甚至攻击性行为时，加以关心及了解，必要时寻求专业人员协助。需要注意的是，对于年龄更小的孩子，他们对现实和幻想不能区分得很清楚，往往会将一些原因归结到自己身上，会因过度自责而导致心理创伤的出现。

2. 如何给予同事、朋友们支持

当同事或朋友出现一些内疚的想法和念头的时候，我们要对其关注与重视，认真仔细地倾听，要有耐心，不要出现不耐烦和冷漠的表现，他们最需要的是理解。这种情绪如果得不到很好的表达与理解就会导致更严重的问题，如出现自残、抑郁甚至自杀等现象。在他们需要的时候静静地陪在其身边，让对方感受到你接纳了他的情绪和问题，多听少说。只要我们做到这些，就能够帮助我们的朋友尽快渡过难关，避免出现上述的严重问题。带领他们到外面活动而不仅仅是待在住处周围，建议他们做一些放松活动，感知与关注自己的身体。如果这样还不能够帮助他们摆脱自责困境，那么建议你的朋友寻求心理治疗专业的疏导是很必要的。

3. 怎样给予救援人员帮助

当救援人员出现一些内疚的想法和念头的时候，我们首先要引导和建议他们讲出他们的所见所闻，讲出他们经历的事情，请救援人员说出一天工作下来，自己“想到什么”，“看到什么”或者“有什么心得”想分享给其他同伴，如此一方面可以降低个人因为工作超负荷造成的过度身心俱疲与情绪困扰，另一方面可以凝聚救援人员的士气，借团体的社会支持使个人保持脑力、体力与心力的完善状态，让他们体验到自己在救援工作中的成就，为自己接下来的任务加油打气。社会大众的鼓励与支持，更是救援人员的坚强后盾，要让他们体验到这种支持，如果有心理援助专业人员及时进行心理干预，救援人员更可以提升工作效率，协助灾民重建家园。但是，如果救援人员感到自己的症状明显，表示个人的身心状态已经处在一种能量过度耗损的疲惫状态，若症状持续发生且已经严重影响到个人的人际关系与社会功能，一定要及时到心理治疗机构寻求专业帮助。

【面对内疚者我们可以说的和不可以说的话】

一、可以说的话

1. 这不是你的错

许多幸存者都会过度反思，认为自己做错了什么，没能避免灾难的发生、减少损失、拯救更多的人，从而产生内疚感和负罪感，导致抑郁，甚至出现自残、自杀。告诉他“这不是你的错”，谁也阻止不了灾难的发生，不要把责任归在自己身上，从而助其摆脱内疚感和负罪感。

2. 你有这样的感觉是很正常的，每个有类似经历的人都可能会有的

“法不责众。”既然许多人都是这样的，那就不能说是不对或不正常的。可是，许多人压抑了自己的感觉，没有表达出来，所以别人就不知道他有这样的感觉。不知道别人有这样的感觉，以为只有自己有这样的感觉，就会觉得不正常。

除了告诉他别人也有这样的感觉之外，还可以把几个有类似经历的人召集起来开座谈会，以便真正领会“普遍化”。

3. 多逃出一个人，就少占用一份搜救资源

在这样危急的时刻，多逃出一个人，就多保存了一份救援的力量，就少占用一些搜救的资源，就可以去营救出更多的被掩埋的人。在地震中，你首先是一个人，更多的是受逃生本能的支配，然后才承担自己的责任和义务。

4. 你已经做了你能做的

不要那么自责，那并不是你的错，你已经尽力了，你也想让他们活着，可是他们已经去了，没有办法挽回了。既然他们都已经离开了你，你就好好地活，活得好好的，他们在天之灵会保佑你的。坚强一些好好地活下去。

二、不可以说的话

1. 我知道你的感受是什么

实际上，你不可能知道别人的感受。每个人的感受都是不一样的。你说你知道他的感受，那是说谎，这是不真诚的表现。助人必须真诚。如果当事人觉得你是不真诚的，可能另有企图，他就不会接受你的帮助，不会敞开心扉，甚至产生逆反心理，故意曲解你的意思。人在危机状态下是高度戒备的，一点点的不真诚就会引起反感，甚至导致敌对情绪的产生。

2. 你能活下来就是幸运的了

灾难性事件的幸存者常常会出现内疚感和负罪感。“他们都死了，我却活着，这是不公平的。”“我为什么没有和他们一起死去?”“我这是苟且偷生!”为了消除内疚感和负罪感，有的幸存者选择了死亡。“你能活下来就是幸运的了”这句话会激发幸存者的内疚感和负罪感，所以，这句话千万不能说，说这句话等于是刺激他去自杀。

3. 你是幸运的，你还有别的孩子／亲属等

生命是不能替代的。

4. 你爱的人在死的时候并没有受太多痛苦

痛苦不痛苦并不重要，重要的是，他爱的人死了。

另外，谁知道他痛苦不痛苦？别人怎么知道他不痛苦？说这话的人自己也是心里没底。这不是实话。

5. 他现在去了一个更好的地方，更快乐了

同样，快乐不快乐也不重要，重要的是，他爱的人死了。

6. 你的生活要继续下去

活着的人是应该继续活下去，但是，如果当事人决定活下去，这句话就没必要说；如果当事人不想活下去了，说这话就是白说。应该问他不想活下去的理由，然后设身处地地理解他，帮他把内疚情绪释放出来。情绪得到释放以后，平静下来了，也许他就改变主意了。

【读读他／她的故事】

心理疗伤：沙盘游戏治疗让孩子们寻找自我认同

昨天，在安置灾区儿童的绵阳市社会福利院，华东理工大学社会工作系主任张昱的话语让一名小女孩笑了起来。

今天，在复旦大学、华南师范大学心理援助专家联合小分队的带领下，绵阳安置点的北川一中学生开始了沙盘治疗的第一次尝试。

……

高岚教授说："震灾过后，失去家园和亲人的孩子尤其需要安全感，而对他们的心理辅导只有持续不断地进行，并且让他们感受到是真正被关心的，这些孩子才有可能打开自己的心扉。"校长悄悄地跟专家组的老师说过，现在最需要解决孩子们不愿意进教室的问题。

沙盘一摆出来，孩子们就围了上来，一个抽屉大小的盒子里铺着细细的沙子，还有几百件玩具，有绵羊、马、恐龙等各种动物、植物和人的模型。每个孩子拿了两件玩具，按照他们自己的心愿把这些小模型摆放在沙盘里。“我觉得飞机旁边摆着一辆坦克很恐怖，好像要有大的事故发生了”、“那么多的动物，只有这么一丛草，他们肯定会被饿死的”、“那个天使肯定是有拯救任务，他一定是要去拯救受苦的人”……摆完玩具后，这些孩子们对沙盘进行了解读。

当被问到，沙盘里哪个部位是他们认为最安全的地方时，初中部的贾国东说，在坦克边最安全，又有坦克，又有恐龙，肯定很有安全感。而崔勉说，在最空旷的地方最有安全感。这两个孩子都是从废墟里挖出来的。而对于沙盘里的画面，几乎所有的孩子在讨论后，一致同意要叫《灾难后的美丽家园》和《灾难后的和谐》。申荷永教授说，此次的震灾对孩子们的心理来说是一次重大创伤，像这样的创伤，如果让孩子直接面对，会引发更大的创伤，并且使孩子二次受创。而沙盘既能够折射孩子的心理，同时又是一种主动创造的活动，甚至几乎可以不用语言来进行。这样有助于孩子既能够逐渐面对创伤，又使他们不会受到伤害。

随后，专家组让学生们写下自己的名字，并且画一个代表自己的符号，初中的母权兴在自己名字后画了一个魔法杖，他说，有了这个，什么灾难都不怕了。而另一位母亲遇难了的小男孩画了一个带笑脸的丑小鸭，他说，这是明天会更好。高岚教授说，这个项目是为了让孩子寻找自我认同感。因为正常情况下，自己的家和父母的名字对孩子来说就是最重要的归属，是自我认同感的来源，而失去家园和亲人的孩子，同样也失去了自我认同感，通过这样的活动，让他们重新找到自我认同的来源。昨天，大多数参加治疗的学生都选择了与力量有关并且能够抗击灾难的符号代表自己。

……

《文汇报》2008-05-23

特派记者 姜澎

在沙盘游戏的过程中，孩子们获得了自我认同感和成就感，重拾信心，克服了因为内疚等负面情绪带来的无力感、无助感和对自己评价的主观性。

第三节 我本来可以多挽回几个人的生命

一、怎样走出这份自责

地动山摇之后，整个城市都在颤抖，房屋倒塌了，墙体裂开了，那些规则、整洁有序的建筑瞬间变成狰狞恐怖的怪兽，张牙舞爪地恐吓、威胁着那些试图抢救生命的人们。于是，在巨大的残垣断壁之间，人的力量变得那么的微弱，好像蚂蚁撼树、螳臂当车。我们只能眼睁睁地看着那些鲜活的生命一点一点地萎缩，衰败，细数着他的呼吸声，渐渐地微弱，直至消失殆尽；我们只能眼睁睁地看着灰白坚硬的水泥横梁在余震中再次断落，阻挡住救人的入口，再也听不见废墟里传来的呼救声，看不见不停地向你摇摆的小手，在我们面前的可能只剩下扬起来的漫天灰尘，也可能是溅到衣服上的血点；虽然给他们注射了强心剂，做了心肺复苏，我们拉着他的手不停地鼓励他要坚强地活下去，可是还是眼睁睁地看着他的瞳孔放大，心跳停止。我们无能为力，于是我们会责怪自己，会质问自己“为什么我没有做得更好？我本来可以多挽回几个人的生命的！为什么我……”

这样自责、内疚、心痛的心情是正常的，因为我们都在尽最大的努力去降低损失，尽最大的努力去帮助别人，因为我们是骨肉同胞，是兄弟姐妹。但是我们不能让这种自责彻底打乱生活，影响工作。我们可以先来做一个假设：我们可以让七八层高的楼房在顷刻间倒塌吗？我们可以让往日相隔的大山在一夜之间聚拢吗？我们不能，单凭一个人的力量是绝对做不到这一切的，有的事情甚至是我们昔日的幻想。这就是地震，是自然灾害，那么，我们怎么可能有能力去阻止它的发生？怎么可能有能力去让一切瞬间美好起来？我们唯一能做的就是尽自己最大的努力，做自己能做的事情。至于事情的结果，正如地震本身一样，充满了极大的不可预测性。

也许我们永远忘不了那些在废墟中渴望求生的眼神，微弱的呼救声，渐渐停止的心跳声，还有空气中弥漫的血腥味与尘土的味道。但是从另一个角度去想，也许那些走掉的人看到我们在外面焦急的样子，脸上痛苦的眼泪，他们心里知道我们尽力了，真的尽力抓住最后一线生机去抢救他们，只是这样的灾难太惨痛了，我们有很多事情是做不到的。也许他们想对我们说一声谢谢，但是断梁的声音太大了，我们没有听见；也许他们想紧握我们的双手，告诉我们要好好地活着，但是他们的身体已经不受大脑的控制，只能听见我们自责的声音，带着遗憾离开世界。当我们这样去回忆这些经历的时候，会发现当我们执著于内心的自责时，忽视了别人对我们讲的话。

我们可以自责，可以心痛，可以内疚，因为那些都是我们的亲人，流着相同血液的兄弟姐妹。我们为他们的逝去而惋惜，但是我们真的尽力了。重要的是我们这些站在废墟外面的人仍然活着，我们看得见阳光，闻得到花香，听得见亲人的呼唤。经历这样的惨痛，那些走掉的人用生命在告诉我们：你忽略了多少美好的东西。从惨痛中寻找生命的意义，在某一个瞬间会发现除了自责与内疚，还有更多的亲人、更多的事情等着我们尽自己的力量去关心和帮助。也许这就是生命的无奈——朝生暮死，瞬息万变，所以我们要珍惜每一个瞬间。

二、亲人们如何对待他，同事、朋友们如何支持他

作为那些战斗在第一线、抢救别人生命的救援者的亲人或朋友，我们应该最大限度地理解和支持他们，让他们说，理解他们、聆听他们、陪同他们，让他们知道自己已经做得足够好了，尽量让他们表达。在与这些救援者谈话的时候，首先要引导和建议他们讲出自己的所见所闻，讲出经历的事情，请他们说出一天工作下来，自己“想到什么”，“看到什么”或者“有什么心得”想分享给其他同伴，建立一个稳定的表达团体。最后，如果有某些问题处理不了，就要建议他寻求专业机构帮助。

三、救援人员应该怎样给予帮助

警察、消防队员、救护车司机、志愿者以及精神卫生专业人员等所有参与灾后紧急救援的人员夜以继日地投入救灾，除了体力透支之外，目睹越来越多的人员死伤的惨状，错愕、挫折感、内心疲惫，甚至愤怒都可能爆发。他们的工作性质决定了他们会最近距离地耳闻目睹各种最悲惨的场面，因此，即使他们做好了充分的思想准备，但如此性质的日常工作，使他们感受了各种痛苦体验。当这种体验在救助成千上万的灾民中反复出现后，对实施救助

的专业人员的身心打击是巨大的。没有人能对这种体验所带来的破坏性影响有充分的准备或对这种冲击有天然的免疫力。此外，我们还应当理解为什么许多救援人员在工作中能无私奉献，甚至极度疲惫也不愿意离开他们的工作岗位，哪怕是短暂的休息。这一点在参与“9·11”救援的消防队员中得到过充分体现：当他们接到命令，要求停止工作时，却表现出了愤怒，只因此时他们正与警察并肩战斗在世贸中心的废墟上。对这些救援人员进行心理干预的基本内容包括：任务报告、紧急事件识别，帮助他们从全局的角度审视面临的局势，补充他们的体力及增强他们的技能。具体的循序渐进的实施程序如下：

第一，向救援人员介绍正式的、有时间进度表的、有计划的任务。

第二，让救援人员说出他们的感受，并给予认真的倾听。

第三，就救援队员彼此的认知、情绪、生理反应进行互相交流。

第四，解释、承认、理解救援人员所出现的各种反应。

第五，用认知和教育的方式甄别出应对各种反应的方法。

第六，必要时，让有关救援人员停止工作，并对其实施进一步的心理干预或让他们休息。

【读读他/她的故事】

最可爱的人啊　你们不必内疚

《新京报》中国红十字心理救援队对消防官兵开展心理干预

本报讯　（记者左林）昨日在绵阳，《新京报》中国红十字心理救援队为参与抗震救灾的陕西、广东、宁夏消防官兵展开心理干预。队长杨凤池教授表示，由于长时间目睹悲惨场面，不少救援官兵已出现心理问题，他预计，此次震灾后，需要心理干预的人将超过百万。

年轻战士讲述悲伤一幕

陕西、广东、宁夏三地的消防部队官兵驻扎在绵阳安县。昨日上午，10余名心理专家和100多名战士分成6个小组，在各自的帐篷里开始心理干预。

“你们在这次地震救援中感觉最痛苦和悲伤的是什么？”首都医科大学教授孙红用平静的声音提问，原本活跃的现场气氛一下子陷入沉默。西安消防支队的十几名战士们沉默不语，很多都低头看着自己的双手。“太惨了。”一名战士低声说。他讲述了在北川救援的一幕。

14 日晚，这名小战士在北川救援时，在废墟下发现两个被压的小女孩，一个大一些，一个小一些，她们抱在一起，“大的那个只有一只眼睛睁着，另外一只肿得不行，实在是被压得时间太长了”。当晚，由于连日雨水，上游的大坝可能决堤，部队命令所有人撤离，他们只好暂时撤离，临走时，小战士把剩下的最后半瓶水递到了那个小一点的女孩嘴边，“她跟我说，她不渴，给她姐姐喝，而她姐姐忙说，先给我妹妹喝吧。我看到这场景就受不了了，在那里大哭”。

当这名小战士讲完了这个救援过程，他身边很多战士也开始轻轻地抽泣。孙红默默递过去一张纸巾，另外一名队员在侧旁搂住这名战士，大家静静地等着他发泄完自己的情绪。

救不出人来战士就内疚

“看着活着的人救不出来是我们战士最内疚最痛苦的事。”西安消防支队特勤二队的中队长李小柱说，消防官兵多是执行危险任务，见过很多惨烈场面，但这么大规模的灾难，这么大面积的伤亡，对所有战士来说都是第一次，“估计也是这辈子唯一一次了”。他说，队里的一些新兵结束任务后心理反应更大，“很多人跟我说，要是所有的人都能活下来该有多好”。

预计超百万人需心理干预

首都医科大学教授，救援队队长杨凤池表示，许多搜救队员由于长时间直接目睹悲惨场景，不同程度地存在心理问题。“有些战士晚上睡不着，不断闪回白天见到的悲惨景象，有些吃不下饭，一看到肉就恶心。”他解释道，根据国际上通行的计算方法，当事故导致一个人死亡的时候，此人周围至少有 10 名亲友的心理会受到影响，需要心理干预，而此次四川大地震造成的伤亡如此惨重，初步估计需要灾后心理干预的人数会超过百万之多，而目前中国取得资格的心理咨询师，“包括那些刚刚拿到资格的人，不超过 10 万人”。他说，治疗人员极度缺乏，必须紧急开始大规模培训当地志愿者。

《新京报》2008-05-23

干预实录

悲惨回忆锁进想象保险箱

“有哪些战士现在睡不着觉，吃不下饭的？”昨天的小组活动上，杨凤池问战士们，大家互相推来推去，都不说话，“我就是来为你们解决问题的，跟我说了，今天就能帮助你们，这都是很正常的反应，和是不是工作先进可没关系啊”。

在杨凤池的鼓励下，一名小战士开始讲，他在北川救援的时候，看见了很多惨烈的遇难者遗体，“救援的时候我一抬头就能看见，过了两天实在受不了了，我就拿床棉被去把遗体盖起来”。这名小战士说，晚上一闭上眼，这一幕幕悲惨的场景就在他眼前挥之不去。

“好，我明白了。”杨凤池把这名小战士拉到帐篷中间，两人面对面坐着，“你现在闭上眼，这幕场景还在你脑海中对吧，现在你深呼吸，多做几次。”小战士依样做着。“继续深呼吸，现在你是不是感觉那幅画面在变小？好，现在你想象一个相框，把这个画面框起来。”小战士点点头。“现在你再想象一个保险箱，把这幅相片放进去，放进去了吗？好，现在把箱盖盖上，然后用一把小锁把箱子锁住，把钥匙拔下来，放在你自己的褥子下面。”杨凤池缓缓地对小战士说，让他慢慢地睁开眼，“那幅悲惨的画面还出现吗？”杨凤池问道，小战士摇了摇头，腼腆地笑了。“这都是一些简单实用的心理技巧，你们以后如果心里难受，睡不着，吃不下，就可以用这个办法来给自己做心理暗示，做治疗。”杨凤池把简单的心理疏导方法告诉了小战士。

【我的心里话】

最可爱的人，我想对你们说：你们已经尽力，我们知道你们想把每个被困的兄弟姐妹救出来。对于救不出来的人，我们每一个人和你们一样都感觉很惋惜，你们已经做了你们所能做的，在这种大灾大难面前，我们的力量是有限的。在这样危急的情况下，你们已经救出了很多兄弟姐妹，大家有目共睹，你们已经创造了奇迹，你们的努力与成就会被铭记，相对于你们的年龄，你们表现出了不相符的成熟和干练。最可爱的人，你们是好样的，你们无愧于“人民子弟兵”的称号……

【本章小结】

（1）内疚和自责是震后出现的比较普遍的负面情绪，容易在地震经历者、受难目击者、被困人员和援救人员之间蔓延，是亟待解决的心理问题之一。

（2）作为遭受自责情绪折磨的教师群体，是相对比较容易被忽视的。

（3）内疚情绪的出现是因为我们的社会道德规范在起作用，是因为我们认为自己没有能够对地震当时发生的事情尽到应尽的责任的自我执行的惩罚。

（4）内疚是因为我们将事情的责任全都非理性地归结到自己身上，从而导致自己原有的信念体系的崩溃，导致自我评价过低，出现无价值感和无力感等。

（5）内疚情绪可以导致很多不良的身心症状，比如自残、意志消沉、抑郁甚至自杀等。

（6）心怀内疚者，要将这种内疚情绪向亲人诉说出来，而不是埋在心底。

（7）我们要认真倾听内疚者的诉说，告诉他们，他们已经做得足够好。

（8）希望我们的子弟兵能说出自己的所见、所闻、所感。我们要告诉他们：你们已经尽力，在这种大灾大难面前，我们的力量是有限的。

（9）在这样危急的情况下，你们已经救出了很多兄弟姐妹，大家有目共睹，你们已经创造了奇迹，你们的努力与成就会被铭记，全国人民都感激你们。

（10）对于严重的心理问题一定要寻求专业机构的帮助。

第十一章　投身抗震救灾第一线的勇士们，听我对你说……

第一节　你的身影就是希望
——救灾一线的解放军和警察们

地震以猝不及防的方式袭来，使毫无准备的灾区人民陷入水深火热之中，造成了巨大的人员伤亡和自然生态的破坏。然而灾难无情人有情，地震发生后，我们的人民解放军、公安、武警、消防战士们，在第一时间，纷纷投入了战斗。从战士们踏往抗震救灾一线开始，全国人民的心就时刻牵挂着他们奋战的地方。在这场无情的灾难中，这些最可爱的人，始终与灾区群众心手相牵，挺起中华民族最坚强的脊梁。

然而，在挽救别人生命的同时，我们也看到，这些士兵，大多是刚刚参军一到两年的新兵，基本都是“80后”，是独生子女，如果是在家里，他自己还是孩子，可是在部队里，在灾区，在祖国最需要的地方，他们是男子汉，是英雄……作为普通人，可以小心回避一些与灾难相关的图片、视频，而战士们要一直在现场直面一幕幕人间惨剧……因为这场灾难，他们承受着超越极限的心理压力。一方面，连续工作几天几夜，见到太多死亡；另一方面，他们的救援能力有限，有很多生命他们来不及救。当失落的影响及意义变得越来越真实，忧伤的反应变得越来越强烈时；当疲惫来临，挫折与幻灭积累起来时，压力症状可能就会出现，导致认知功能降低，如短期记忆丧失，无法决定优先级等。救援结束后，战士们又会出现形形色色的反应，包括沉默、内疚、噩梦、失眠、场景闪回等。

一、战士们的灾后反应

（1）对创伤事件的重复体验（如闪回或梦魇），伴有警觉性过高（如易激惹或惊吓反应）；

（2）社会生活退缩（如避免社交和情感麻木）；

（3）强烈的羞愧、内疚或耻辱感。战士们感到无助，无法救助更多的人。

（4）创伤后睡眠障碍，缺乏兴趣，情感不协调，回避或反复体验创伤性事件。

（5）常伴有抑郁症状、广泛性焦虑和暴力行为；酒精及其他物质滥用。

（6）悲伤痛苦情绪。看到很多人失去亲人，失去家园。

（7）无望的悲观、自责情绪。地震剥夺了一切，战士们在自然灾害面前感到自己的无能为力。

二、官兵们的心理自助方式

（1）接受在心理危机时的情感变化，这些都是正常的，尽可能多地获取各种渠道的社会支持。

（2）确保足够的生理应对，应努力争取相对的休息。

（3）避免长时期和受害者或幸存者在一起，每天应有独处时间。

（4）睡不好可以做放松或锻炼的活动。

（5）保证基本饮食，适当地娱乐、休息、读书、听音乐，不要压抑，学会自我放松。

（6）调整自我。客观看待地震，辩证看待救灾的力量和成果，提高自我支持能力。

（7）多和战友一起，交流抗震救灾的经历。

（8）抽空给爸妈打电话，报平安，可以获得家人的支持。

（9）尽可能以团体的形式行动。

三、心理援助人员该如何干预

（1）早期治疗会带来事半功倍的效果，最好能得到战士们家庭的支持。咨询关系的建立很重要。

（2）在灾区现场的团体辅导，应尽量在战士们体能充沛的情况下进行，必要时应先安排放松训练，长时间的工作，战士们的身心都很疲劳。放松本身就是一种很有效的心理治疗。

（3）以恐惧为主的症状：有严重侵入性回忆的，无严重抑郁或物质滥用的；之前没有广泛的创伤经历的；之前精神状况良好的。其心理治疗的方式应以复合式为主，情绪暴露结合认知重建。

（4）支持性心理疗法为主，不宜使用会让官兵回忆创伤事件的认知疗法或暴露疗法，否则有加重病情的可能。

（5）以羞愧为主的治疗类似于人格障碍的治疗，关键在于医患关系。医生要帮助官兵增加对自我和外部事物的认知，重新评价创伤经历，重新体验羞愧、狂怒等痛苦情绪，增强对自我和他人信任的勇气和对外部世界的安全感，以解除患者的被动退缩和无助感。可让战士们组织“互助组”，增加彼此间的关注，建立团队间的安全感和信任感，从而改变被动和无助感，增强自信。

四、其他社会力量可以做出哪些努力

1. 上级部门

（1）轮换：尽管中央有着战略部署的考虑，但是侦察地形，考察灾情，运送救灾人员，空运救灾物资……无论是人还是飞机都在超负荷运转，而战士们大多在徒手搜救受难群众，转移群众，搬运物资。飞机、汽车去不了的地方，物资要靠我们的战士们肩背手提；伤员、群众要靠我们的战士们肩抬手抱……灾难发生一个多月了，战士们在灾区，无论是身体的疲劳还是精神的承受能力都已接近极限，参战将士必须轮换，以避免出现不必要的损失。

（2）合理的作息，预防后期传染病。有些战士由于天气热把口罩摘下来，有的战士脚上长满了水疱就自己随便处理一下，有的战士甚至在瓦砾堆上随便捡一根发黑的锈铁丝挑水疱……要普及卫生保健及防疫常识。时下暑期高温，也要注意防暑。

（3）慰问。战士们在灾区期间，上级领导的慰问无疑是一种动力。而慰问时，不只是鼓励、打气，更重要的是理解，在面对超出人所能承受的惨烈现实面前，战士们所有的情绪反应都是正常的。如果可以，请给他们一个拥抱，这是最大的人文关怀。

（4）归队之后，可以安排战士一定时长的探亲假，家人的抚慰有时胜过其他很多的努力。

（5）适当地安排团体的放松运动，如球赛等，也可以安排一些灾难主题的电影，观看的过程中，很多情节可以让官兵们埋藏在内心的情绪得到宣泄。

2. 指挥官

指挥官在救灾过程中有着双重身份。首先，他们自身是参加救灾的，面对一幕幕人生惨剧，指挥官本身会有情绪反应；但同时，指挥官要指挥战士们上前线救人，而在救助过程中，面对血淋淋的场面，战士们本身会有一定程度上的畏难情绪，部队的价值观与人性的自然流露产生强烈的冲突。指挥官在这时既要面对自己内心的冲突，又要激励战士们上战场。因此，指挥官无论在救灾前线还是回到部队之后，都要格外注意自己的身心健康。

（1）部队是一个有着铁的纪律的地方，抗灾前线是特殊的现场，你要经历很多惨烈的场面，而这些场面也都超出了“人”所能承受的极限。因此，你所有的情绪反应都是正常的。

（2）在如此高强度的人与自然的搏斗面前，你要保证自己有较为充足的休息，才有可能出色地完成任务。

（3）如果有时间，和自己的士兵在一起，告诉他们，你也会感到恐惧，这不是懦弱的表现。

（4）战士们如果难以往前冲，这样的反应也是正常的。他们也是人，我们每个人内心都会有恐惧。

（5）见到你的士兵，不管他们是否英勇，请接受他们。告诉他们，也告诉自己，大家已经尽了自己最大的努力。

3. 身边的战友可以做些什么

（1）在这些战士们去灾区的同时，你们承担了所有的日常工作，你们也在用自己的行动为灾区作贡献，战友们的军功章里，有他的一半，也有你的一半，你们辛苦了。

（2）最重要的是，这些战友们又安全地回到了你们的身边，你们今生有缘做战友，这比所有的荣誉都重要。

（3）去过前线的战友们毕竟还是经历了常人难以承受的场面，他们面对了太多的死亡，他们可能一时缓不过来，可能会有些愤世嫉俗，可能脾气变得暴躁了一些，但是请相信，这不是他们的本意，他们也许被吓到了，我们需要对他们表示理解。

（4）他们需要你的支持。他们也许回来之后有时心不在焉，工作上也许不如之前那样尽心尽力，这时需要我们用爱心把他们内心的恐惧融化。生活上的照顾，良好的关系，可以让你很快走进他们的内心世界，在他们向你诉说的时候，倾听比劝说更重要。

（5）如果他一定要一个人待着，请尊重他的选择，但是要让他知道，大家都在心里默默地关心着他。

4. 亲人们应该如何对待他们

有的亲人觉得救灾回来的家人好像变了个人，很容易发怒，甚至不可理喻。有时发生争执会觉得很委屈。但是，要知道，他们内心里埋藏了很多对灾难的恐怖体验，不愿意跟自己的家人谈起这些惨烈的场面，而他们内心又消化不了这些场面，因此会出现一些反常的举动。作为亲人，要理解，男儿有泪不轻弹，只是未到伤心处，或是“放心”处。因此家庭中需要营造轻松的氛围，让战士们可以松弛下来，可以倾诉自己所遇到的情况，内心的恐惧。如有的战士有内疚情绪，要告诉他，他已经尽了自己最大的努力，人的能力是有限的。此外，可以组织一些家庭出游活动，有利于战士舒缓心情。

5. 媒体应注意些什么

媒体在这次抗震救灾中发挥了非常重要的作用，对救灾战士们的行动也做了很多及时的报道。但在强调战士们的先进事迹的同时，也要注意，过多的英雄主义情结，会强化“男儿有泪不轻弹”的观念，这一点对于战士们舒缓自己的情绪较为不利。我们认为对战士们的报道需要进一步人性化。另一点需要注意的是，在报道战士个人时，如果涉及感受方面的，应尽量避免特写镜头，或进行虚化处理。战士们是在用自己的生命见证这场灾难，请对他们的感受予以尊重。

【读读他 / 她的故事】

在两次团体辅导过程中，阿贵都有很多的自责。他是一名好战士，在救灾现场，年仅18岁的他，尽管内心里也充满了恐惧，但是总是冲在救人的前线，回到部队后，被授予一等功。在灾区的第一次团体辅导过程中，官兵们一开始沉默了很长时间，阿贵开始站出来说话，“我们能听到孩子们在下面的喊声，但是石头太大，我们根本搬不动”，“我想到自己的父母，觉得自己很没用”……另一位战友应声接道：“我总觉得有眼睛在背后看着我。”紧接着，战士们开始慢慢地讲出自己内心的感受，有的开始哭泣。当心理医生轻声说出：“地震是天灾，人不可能是万能的”时候，战士们的神情松弛了一点，下午继续投入战斗。

回到部队之后，专家对战士们进行了再次团体辅导。最开始的放松过程中，阿贵明显难以做到，并较难参与到之后的环节。进一步交流时，阿贵讲道：“看到的人比救出来的人要多。”团体中的其他战士给了一个客观的回应：“我们没有工具，靠着我们的双手，能救出来多少就是多少，至少那些人活了下来，他们有了希望。”

【我的心里话】

假如在现场，每个人可能都希望自己能救出更多的人，更多鲜活的生命……面对地震，面对这些遇难的人们，我们都感到很遗憾，也很难过，但这不是你个人的过错。在大自然面前，我们的力量是有限的；而对于灾区的人民，你所做的一切，已经足以给予他们无限的动力和支持，温暖着这些活下来的人，走过今后人生的一程又一程。最有效帮助人们渡过危机的，不是学术修养，不是丰厚财富，而是简单的被爱感觉。你的行动本身，已经不只是换回了别人的生命，更温暖了很多人的心。

灾难已经过去一个多月了，我们在不断地进行着对死者的哀悼与告别，在画上了一个又一个的句号之后，剩下的，是生者对于生命意义的思索和探求。经历了如此惨烈的场面，相信你会更加懂得珍爱生命，关注自己的身心健康。你并不孤单，我们和你在一起。

【“心”留言】

第二节　与死神抗争的人
——救援战场上的医生和护士们

超负荷的工作量、目睹大量惨状、自身力量的有限、对被埋同胞的无能为力等，使得许多医生和护士产生了强烈的自责和悲观情绪，有人用拼命工作来缓解，而这恰恰不利于他们克服心理障碍。“替代创伤”是医护人员最易产生的一种状态。这种心理创伤出于对幸存者及其创伤的同情，当损害程度超过耐受极限时，会出现严重的身心困扰，甚至心理崩溃，他们极其需要心理疏导和干预。

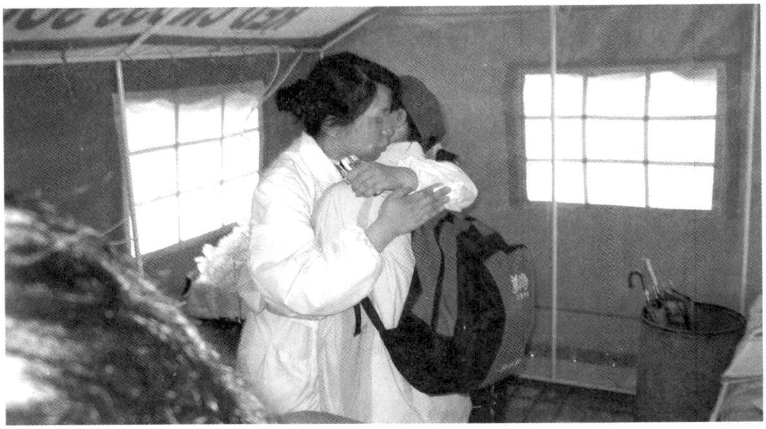

1. 白衣天使们要如何自我调节

（1）告诉自己你所有的感觉均是正常的。

接受自己气愤、挫败、害怕、悲伤或无助的感觉。如果脑子里会不停地萦绕着灾难场面或与某个去世的好朋友、同事相处的画面等，请不要勉强自己去遗忘，此种情况下允许自己有一些负面的情绪，因为伤痛会停留一段时间，这是正常的现象。

（2）不要隐藏感觉，更好的做法是试着把情绪宣泄出来。

尽量找机会说出自己的感受，尤其是内心的焦虑、恐惧、无助等，当因各种原因无法向他人倾诉时，可以试着用写日记的方式去抒发。

（3）一定要保证充足的睡眠与休息。

虽然情况紧急，但是请您尽量让自己的休息环境保持安静、舒服、自在。学会忙里偷闲，注意节约和积蓄精力，哪怕只有一分钟空闲也可以闭眼静坐一会儿。另外，不要总是和幸存者在一起，每天必须抽出时间与救援者单独在一起，找到表达自己情绪的方法：考虑如何更好地说出你遇到的情况、你做的工作及工作中遇到的困难。

（4）定时定量饮食，不管是否有胃口。

（5）要注意给自己打气，多看成绩，少看失误。

（6）尽力使自己的生活恢复正常。

若被替换下来后，要尽快调整心态，投入到正常的生活、工作和学习当中，这就是最好的心理救助方式。

（7）不要孤立自己。

与其他救援者保持良好关系，相互肯定、支持和鼓励；尽量和家人、朋友、同事或心理辅导团体的成员保持一定的联系，和他们谈谈感受。有困难时，要及时向伙伴们提出，并接受他人提供的帮助与支持。

（8）学会自我放松。

找到放松和娱乐自己的方法，如听音乐、打坐、练瑜伽、打太极拳或放松肌肉，又或者是深呼吸，想象美好平和的画面，也能缓减紧张的心情。

（9）帮助别人也是一种自救。

医护人员在帮助别人的时候，能使慌乱的心理精神能量转化为一种新的力量，这样自己的慌乱也会减少。但在帮助别人的时候，一定要注意休息和量力而行，避免“替代创伤”的状况出现。

（10）清醒地认识到自己的能力是有限的。

我们要认识到，自己的能力是有限的，不可能每看到一个受灾者，都能让他顺利脱离险境。我们要明白自己应该承担什么、不应该承担什么，要宽容自己在抢救和治疗中的失败。医护人员也不是万能的，尽自己的努力就行了，不要把所有的压力都放在自己身上。

（11）用“易位法”减少自责。

若你在为同事的去世而自责，觉得自己没有和他们在一起，请你问问自己：“今天若走的是你，你会怪你的同事吗？”“如果你的同事在天堂看到你如此伤痛且不原谅自己，他会怎么想？”如果你能转换角度，站在逝者立场，抽身看到自己的沉溺，或许会愿意为逝者放下心头重担，好好地照顾自己，不再苛责自己。其实平心静气地想想，大家都是受难者，无人幸免。即使保住性命却失掉了亲人、房子，前途茫茫，自己伤痕累累，也是直接的受害者，何忍再加诸责难?

（12）仪式转移。

宗教仪式、布施祈福、念经回向、折纸鹤、折白花等，用某些方式实际地纪念逝者，或为他们尽一点心意，这些具体的哀悼方式，能让你的哀伤情绪化为实际行动，从而有所寄托。

2. 亲人如何对待他们

（1）接纳他们的情绪。

当他们在亲人面前哭泣的时候，亲人应该引导他们说出自己的痛苦，而不是说：“别哭了，我们不要难过了。”因为在工作的时候，他们无法尽情宣泄，在面对亲人时，他们完全放松，把情绪表达出来，这事实上是他们减轻痛苦的重要途径之一。

（2）理解和鼓励。

家人要尽量理解，最好能够在一起，以相互依赖和增强安全感。要充分尊重他们的情绪反应，使他们感受到被重视和被信任，从而充满信心，感到安慰，以降低不良情绪的影响几率，用自己的信心去鼓励和激发亲人。

（3）不要互相比较彼此的不幸。

亲友有时候会在慰问他们时无意中哀悼失去的亲人或叹息损失的财产，请不要相互比较彼此的不幸。

（4）给予持续的支持和关心。

灾难刚发生时，亲友的慰问和支持相当密集，但也许随着时间的推移会渐渐减少，而对他们来说，他们需要的支持和关怀是长期的，所以，亲人应该给予他们长期的鼓励和关注。

3. 配偶如何给予支持

（1）接纳彼此不同的反应。

因为性别的不同，在应对悲伤等各种情绪时夫妻间会有不同的方式，如果既能彼此接纳对方不同的反应方式，又能表达共同的伤痛，夫妻关系将会更加亲密。

（2）无言的陪伴。

在灾难事件后，每一个当事人都有恐惧的心理，此时很多人以为需要说一些话来安慰他，其实这是极其错误的做法，因为这时候你所说出的大部分是为了降低自己内心焦虑的话，对他的恐惧而言其实都是废话。真正有效的，是你的存在及陪伴。

（3）无条件的倾听。

让被干预者一吐为快，是心理干预一个看似简单、实则最为重要的步骤。让妻子或丈夫说出心里话，像倒垃圾一样把内心深处的负面感受、想法不加掩饰地表达出来，才能引导他们走向积极的方面。

（4）无条件的接纳。

对于哭诉者，最错误的做法是叫他们不要难过，不要哭泣，其实正确的处理方法是给他们一张面纸。作为配偶，你是最可以让他放声大哭一场的人。这样，他会感觉他的情绪被你接纳，心中的刺痛便得以疏解。此时还要告诉你的配偶，哭泣、悲伤、内疚等都是人在痛苦时的一种很自然的情感表现，不是软弱，这是正常的。

（5）体谅妻子或丈夫的工作。

医护人员在此次地震中属于救助人员，地震后，他们也像平常人一样想一家团聚，但由于工作需要，也许配偶无法留在自己身边，他们自己的心里也很不舒服。作为配偶，不该责备对方冷落家庭，请更多地表达你对对方的想念之情和对其工作的支持。

4. 孩子怎么安慰这样的爸爸妈妈

（1）给予无限的关怀。

爸爸妈妈也许考虑到孩子小，不会在孩子面前哭或者表达自己的情绪，但他们在危机事件后往往特别渴望关怀和理解，孩子一些关怀的动作，比如递给父母一杯热水往往胜过千言万语。热水的温暖及眼里你关怀的动作，这才是他们最需要的。

（2）体谅父母的无法相伴。

父母作为医护人员，也许无法像其他人一样，在地震发生后陪在自己身边。为人子女，要能明白这一点，体谅父母的难处，并对父母表达你的理解和宽容。对父母来说，能得到孩子的谅解，既能减少自身对家庭的内疚，又能专心工作。

（3）父母，我以你为荣。

孩子是父母生命的延续，也是父母的希望和生活的寄托。孩子对自己的称赞和认同是父母最大的心愿。如果你真的感受到了父母的艰辛、勇敢和坚强，请给父母写封信或者亲口对他们说："爸爸妈妈，我以你为荣！"

5. 心理援助人员如何给予他们帮助

（1）在合适的时间和地点给予帮助。

医护人员工作较忙，在他们忙着照顾伤员或是在现场救援的时候，并没有空闲时间，而且那样的环境也不适合做心理援助，所以心理援助人员应该在他们休息的时候，找一个相对安静、轻松的地方来进行交谈。当医护人员不愿意接受心理救助时，我们应该尊重他们的决定，但并不表示我们就什么都不能做，我们可以陪伴在他们身边，给他们支持。

（2）用专心的态度去对待。

借着目光的注视与恰当的姿势、动作，传达你愿意接纳对方，愿意听对方倾诉的意愿。谈话时要专心，不要一边谈话一边忙其他事情，也尽可能不要被其他事打断。

（3）耐心地去倾听和引导。

要有耐心，让对方尽情倾诉，尽量不打断对方的话，让对方体会到你的全心接纳。尽量使用开放式问句引导对方说出自己的经历和感受，例如："多告诉我一些关于……""你可以说说看你的想法……""你觉得对你最困难的是……"倾听的同时注意对方言语和非言语信息（例如眼神、声调及肢体动作等）的表达。

（4）尊重并接受他们的情绪感受。

灾难过后，医护人员有时会悲痛、无助，转而抱怨、气愤，甚至责怪别人，这是很正常的反应，尽量不要激动或生气，心情激动容易让自己误会对方的意思。请尊重且接受他们的情绪感受，并给予支持。

（5）试着与医护人员建立良好的合作关系。

医护人员每天都必须面对大量的伤痛及死亡，对他们的心理援助并不是一次就能完成的，应该和他们建立一种长期的关系，这样，一方面你能更详尽地了解和评估他们的心理；另一方面，随着医护人员对你日益增加的信任，也会更容易向你倾诉。

（6）协助他们采取行动。

心理救助人员可以协助医护人员寻找资源或援助来帮助其解决问题，协助他们设定可以帮助其恢复正常生活的具体目标，而且想出立即可以做到的行动步骤。当他们采取实际行动解决时，应立即给予鼓励与肯定。

6. 同事之间要如何给予支持

（1）维持一个有力的支持网络。

同事之间相互鼓励、打气，相互肯定，绝不要相互指责。多沟通，分享抗震救灾的经验，肯定自己与工作伙伴在任何微小工作上的好的改变，并乐观地期待未来。

（2）分享自己的情绪。

如果可能，每天抽空与其他同事一起适时地将大家的感觉说出来，一起讨论和交流。如果救护工作太繁重，无法每天固定时间交流，那么在不影响工作的前提下，可偶尔离开现场 10 分钟，同事间互相交流悲伤和触动的感情，互相支持，然后再次回到工作岗位上。

（3）原谅同事的坏脾气。

同是医护人员，相信你能了解工作时的压力和责任。当其他同事心情不好，压力过大而发脾气时，作为同事，首先要原谅他，而不是互相争吵而愈加影响彼此的情绪，然后找个时间和他交谈，引导他进行情绪宣泄。

（4）留意同事是否过分疲惫。

如果明显地感觉到有同事以工作来麻痹自己，或已过分疲惫，请主动与他交流并给予关心，尽量劝他适时地离开救灾现场，多放松、休息，保持较好的睡眠。

（5）留意同事是否有内疚情绪。

有的医护人员因为救不了伤者而产生了严重的内疚情绪，当你发现同事出现这种情况时，请牢牢地握住他的手，反复地对他说："这不是你个人的错误，你已经尽了力。"一定要重复这句话，甚至让他跟着你一起说，这样有利于重新调整他的认知。

7. 政府部门人员可以做些什么

（1）医院要爱护员工。

虽然医护人员很勇敢，但是不应该让他们处在应激状态太长时间，医院应该在可能的情况下实行轮班，及时把一些太疲惫的医护人员换下来。

如果实在是人手不够，无法替换，那么在不影响工作的情况下，让医护人员每工作一段时间，离开现场10分钟，互相交流悲伤和触动的感情，再互相支持与工作。

（2）提供一些通信设备。

给医院提供一些电话，让医护人员能抽空给家人、朋友打个电话，这是很关键的。如果当地没有这个条件，护士长可以带领大家给家里发短信报平安，家里人也要给他们回个短信。

（3）政府要提供及时、正面的信息。

政府的支持，民政、妇联、医疗、社会团体等的爱心和保障也很关键。政府发出的正面信息要反复传递。

（4）政府要有一个长效机制。

灾后这一年当中，全社会的关注和关爱，包括物资和精神的呵护都是非常集中的，但是随着时间的流逝，对医护人员的关心、经济保护等可能就会慢慢淡去，因此政府应该有一些长效机制，不断地对其施以援手。

【读读他 / 她的故事】

她小心翼翼地拿出白色方块药纸，经过修剪，每三张就用医用白药布扎成小白花。“过了七八天，就像做梦一样。”她自言自语道，接下来长达半个小时她都保持沉默，不哭也不闹。心理救助志愿者聂欣斜坐在一个护士对面，默默地和她一起扎小纸花。

每天14时28分一到，她便一个人默默地走近曾经和同事一起铺床、送药、护理病人的工作室（现已成为一堆废墟），静默好长一段时间，将朵朵小白花轻轻地系在钢筋上。

她是医院的护士。5月12日地震发生时，医院住院部瞬间被夷为平地，30多名医护人员及百余名病人被埋在废墟里。12日是护士节，她代表医院参加了市卫生局技能比赛，幸免于难，回到医院却无法接受现实。“早上还与医生一起做手术，中午和姐妹们一起吃饭，他们现在都到哪儿去了？”她喃喃地说道。从地震到现在，她就一直呆坐在废墟边。

她不停地说，眼角泪迹斑斑，疲惫的面容略显苍白。聂欣握住了她颤抖的双手，递过去了纸巾。有时候，她一句话也不说，目光呆滞地望着废墟。聂欣抱住她，轻声说：“活下来的我们更要坚强起来！”她点了点头：“我还有丈夫儿子，我还要好好地活、健康地活。”一周的内心阴霾、恐慌与无助慢慢缓解，聂欣说：这个伤痛的护士在宣泄过后已基本走出失去同事的阴影。

【我的心里话】

亲爱的白衣天使，感谢你们不辞劳苦地挽救我们的生命。只是白衣内的你也是有血有肉的躯体，在帮助我们的同时也请你们好好照顾自己的身体，关注自己的情绪。是你们给予我们重生，我们会为你们祈祷，祝愿你们健康、幸福、快乐！

【“心”留言】

第三节　无私的奉献
——千千万万的救援志愿者

里氏 8.0 级的这场灾难，冲击着全中国同胞的心，成千上万的志愿者通过各种方式进入灾区，热心加入救灾行列。感谢您，在如此大的灾难中，与灾区同行。在此，我们提供一些心理援助的常识，希望能助您帮助他人，也帮助自己。

一、如果你是一名非心理服务救援志愿者

1. 给非心理服务救援志愿者的建议

地震和其他重大灾难的非心理服务救援者，常常因面临的灾难场面以及对幸存者及其创伤的同情而出现严重的身心困扰，甚至心理崩溃。灾区如战场，因此请您务必注意及时进行自我调适，并在必要时寻求专业人士的帮助。

（1）救援者常出现的症状。

① 身体反应：易疲劳，体能下降；由于身心极度疲劳，休息与睡眠不足，而产生生理上的不适感，如眩晕、呼吸困难、胃痛、紧张、无法放松等。

② 心理反应：创伤反应和人际冲突。主要表现为：

与他人交流不畅，情感迟钝；

失去对公平、善恶的信念，愤世嫉俗；

对自己经历的一切感到麻木与困惑；

因心力交瘁、筋疲力尽而生气，对政府工作人员、媒体感到愤怒；

感到不够安全，失去信任感；

睡眠出现问题，常做噩梦；

很难集中注意力并作出决策；

感到软弱、内疚和羞耻，因觉得自己没有做得更好、做得更多而产生罪恶感，怀疑自己是否已经尽力；

过分地为受难者悲伤、忧郁；

对于自己也需要接受帮助而感到尴尬、难堪。

③ 原因：

休息严重不足；

工作量超负荷；

缺乏他人的指导；

救援者的个人创伤被唤醒；

对自己期望过高。

（2）救援者应如何自我应对。

确保获得足够的休息、饮食、支持、表达；

巩固和完善自身的社会支持系统，与家人和朋友保持联系；

同事间相互支持，适时地将你的感觉和救灾的经验与同事交流（如果可能，每天找些时间与其他救援人员一起交流自己的情绪）；

找到放松和娱乐的方法，安排好充分的休息和娱乐；

定时定量饮食，不管是否有胃口；

避免不必要的伤害（如果可能，尽量不去其他灾难现场）；

注意休息（不要总是和幸存者在一起，每天必须抽出时间与其他救援者单独在一起）；

找到表达自己情绪的方法：考虑如何更好地说出你遇到的情况、所做的工作及工作中遇到的困难；

与你的同伴相互鼓励、打气，相互肯定，绝不要相互指责；

允许自己有一些负面情绪，并表达和宣泄出来。

2. 志愿者的亲人可以怎样做

假如你的亲人仍然在灾区，你可以每天跟他通个电话，问候他的生活，提醒他要注意身体，并要注意防疫。如果这样的关心奏效，他会跟你说起一些看到的场景，你的倾听就是对他最大的支持。如果他回到了你们的身边，在紧张的救援工作过后，他会慢慢地松弛下来，一些身心的症状也会逐渐地浮现出来，但是请记住，这些都是见证了灾难过后必然的正常反应，请不要表现出你的慌张，你的慌张会让他不敢跟你倾诉。其实你不用做什么，听他诉说，给予他生活上所必需的温暖就可以了。不要强迫他做一些他不愿意做的事情，他需要一段时间的休息。

二、心理援助志愿者

1. 心理援助志愿者要具备什么条件

做心理援助志愿者光有热情和耐心是不够的，一定要考虑自己的资质和

能力。总的来说，心理援助志愿者要具备以下基本条件：

（1）专业心理援助志愿者应具备的条件。

① 心理咨询方向或相关专业，需有至少一到两年的专业实践经历。

② 具备良好的咨询功底，以来访者为中心，倾听、共情到位。

③ 具有良好的同理心。

④ 最好具备一定的个案经验，且接受过正规的个案督导；有临床诊断经验。

⑤ 能及时调整自己的心态。

⑥ 可获得稳定的督导支持。

（2）社会人士。

可参考人力资源和社会保障部对二级心理咨询师的要求，或者持有国家二级心理咨询师资格证。

（3）非专业心理援助志愿者应具备的条件。

① 最少具有高中文化程度（可以处理数据及有学习各种观念的能力）。

② 假如可能的话，最好是当地人，其身份最好具有反映该小区民众某一特殊年龄、性别、种族、居住时间的代表性。

③ 拥有强烈的助人动机，喜欢与人在一起工作及对人有一定的敏感度和同理心。

④ 能够以一种稳定、成熟及理性的态度工作。

⑤ 拥有足够的热情、体力，善于处理人际关系，能得到足够的响应掌声。

⑥ 能够与持不同价值观的人一起工作，不会把自己的价值观强加给别人。能够接受指导，而不用敷衍的方式响应。

⑦ 拥有乐观但有现实感的人生观，换言之，即“健康的个性”。在面对压力时，依然拥有高度的动力来维持主动及丰富的内在活力。

⑧ 能坚决尊重幸存者的隐私权，而不会在闲谈时提及。

⑨ 面对独特的族群时，会运用不同的处理技巧（譬如小孩或老人，特别是特殊种族团体）或对灾后复原有用的知能（譬如对保险的认识、房屋的重建知识）。

⑩ 懂得掌握分寸，而不会过度介入幸存者的复原（譬如，明白协助及使幸存者复原与“完全替他们做”是两回事）。

2. 给心理服务志愿者的建议

（1）咨询态度。

作为一名心理学工作者，大家都会带着一颗要救人于危难的心奔赴灾区。但是请记住，如果你不曾亲历这场灾难，而只是见证，请不要轻易跟他说，你能理解、感受他们的心情。我们需要对他们九死一生的经历充满敬畏，在我们不知道的事实面前，把自己放下，把咨询的诸多技术放下，足够谦卑，才是对他们最大的尊重。只有基于这样的工作态度，你的工作才有倾听的基础，才有可能是有效的。咨询的过程要跟随来访者，不要试图引导来访者。咨询所要实现的，是建立一个和这场灾难的经历者“一起走”的心理空间。而这一点的关键，并不在于“走”，而在于“一起”。需要指出的是，如果说这样的自然灾害是全中国的灾难，那么，是他们在帮我们承担，他们比我们勇敢，他们从死人堆里爬出来，用自己的脊梁顶起了整个中国的坚强。

（2）用心倾听他的心声。

① 试着与受灾者建立良好的关系。

② 找个合适的时间、地点，让他能安全、自在地表达出震灾后的内心感觉。

③ 注意对方言语和非言语信息（例如眼神、声调及肢体动作等）的表达，

借着目光的注视与恰当的姿势、动作，表达你愿意接纳、听他说话的态度。

④ 谈话时要专心，不要一边谈话一边忙其他事情，也尽可能不要被其他事情打断。

⑤ 要有耐心，给对方足够的时间谈，尽量不打断他的话，让他体会到你的全心接纳。

⑥ 适当问他一些简短的问题，可以帮助你更进一步了解他的问题和想法。

⑦ 在灾后，灾民有时会由悲痛、无助转而抱怨、气愤，甚至责怪救灾人员，这是很正常的反应，尽量不要激动或生气，心情激动容易让自己误会对方的意思。请尊重并了解灾民的情绪感受，并给予支持。

（3）陪伴他一起解决问题。

① 协助他理清问题的轻重缓急，先将心力及资源用在解决较重要的问题上。

② 协助他了解问题与资源，避免对问题的解决有不当的期待；协助他寻找资源或援助以解决问题。

③ 协助他设定可以帮助他恢复正常生活的具体目标，想出立即可行的行动步骤；当他采取实际行动解决问题时，应立即给予鼓励与肯定。

3. 心理服务志愿者要如何自我调节

震灾的惨状、骇人的场面或见闻以及救灾工作的超负荷与不顺利，甚至危及个人生命财产的损伤，均会冲击你的身心，造成生理和心理上的不适。你能为自己做些什么？

（1）告诉自己你所有的感觉均是正常的，在离开救灾工作岗位之前，适时地将这些感受和救灾经验与其他救灾伙伴交流。

（2）留意自己与伙伴是否过分疲惫，请给你自己适时的放松休息与睡眠。

（3）必须有定时定量的饮食，即使你不太想吃东西。

（4）虽然情况紧急，但是请你尽量让自己休息的环境保持安静、舒服、自在。

（5）多多鼓励自己及周围的亲友，相互加油、打气。避免批评自己或其他伙伴的救灾工作。

（6）肯定自己与工作伙伴在任何微小工作上的好的改变，并乐观地期待未来。有机会多表达感受。

三、关照自己

在震灾的救援过程当中，已经发生多起志愿者因疲劳过度而猝死的惨剧。痛定思痛，在救援的同时，志愿者们究竟应该抱着怎样的一种态度参与救灾，如何回应牵挂着他们的亲人和朋友，是一个值得深思的问题。

无论你是心理援助志愿者，还是非心理援助志愿者，首先希望你能明白，这是一场天灾，在大自然面前，人很渺小。因此，任何把自己神化的努力都将是无谓的。你不是神，不是铁人，不可能不吃不喝，始终奋战在救援的第一线。人是需要休息的，无论是你的身体还是心理。人也是有血有肉的，你也会受到灾难的感染，这没什么了不起，只说明你是一个活生生的人，有感情。因此，必要的时候，你也需要诉说，需要找更为专业的人士去诉说内心的伤悲。保全自己，也是对牵挂你的亲人负责的表现。

四、志愿者团队如何互相给予心理支持

在援助过程当中，志愿者远离了自己平时的社会支持系统，唯一能获得支持的就是自己所属的志愿者团队，因此，团队内部的支持是非常重要的。

（1）团队工作的基调应该是支持、守护，在这种基调之上的探讨才是有效的。直接的批评指正，除了打击团队的整体气势外，没有任何其他的正面效果。

（2）在心理援助团队中，上面的一点尤其重要。团队的指导老师对于团体的支持，是每天团体工作氛围良好的一个非常有力的保障。

（3）在没有指导老师的情况下，团队成员之间仍然可以探讨工作如何进行得更好。几个人支持基础上的互动，将会带来工作效率的提高。

五、政府部门人员应该注意些什么

有关专家指出，灾区群众的心理关注是长期的、艰巨的，应以 20 年为期。在统筹心理援助志愿者团队的过程中，要注重长期的战略部署。任何志愿者队伍都无法完成 20 年的志愿工作，在志愿者队伍进行为期一周两周，或是一个月两个月的心理援助离开后，灾区的居民更不知道该如何适从。灾后的心理援助，重点应放在对当地志愿者的培训和普及心理学常识上面。只有

进行长期、连续的心理辅导，才会起到稳定的效果。

六、媒体要注意些什么

媒体对于灾后的心理援助起到了有力的促进作用，但是和心理咨询中对于来访者的保密性原则有较为明显的冲突。因此，媒体在报道相关信息时，必须隐去被援助者的个人信息，尽量不出现被援助者的图片，这对于保护被援助者的心理安全有着至关重要的作用。原则上，对被援助者的报道，应征得其同意后方可进行。

【读读他 / 她的故事】

小丽是一名心理援助志愿者，从灾区回来之后，一周不愿意出门，什么事情都提不起兴趣。一同从四川回来的朋友们叫她一起出去聊聊天她也不肯，她觉得没什么好说的，但是心情又很低落。朋友们听说她从灾区回来，于是问长问短。看似关心，却让小丽觉得自己像是被“围攻”了。还有一些朋友一夜之间觉得小丽是个可以依靠的对象，有了什么问题都来请教她。小丽感到很为难，很希望跟朋友们说，让她一个人静一静。两周以后，她的情绪有所好转。但是，当看到电视上关于灾区的报道时，小丽的情绪又会发生变化，周围的人都说她变了，有时愤世嫉俗，有时又有些抑郁，一个人悄悄地哭。有人这样劝她：“你自己就是学心理学的，怎么能让自己变成这样呢？再说也应该知道怎么调节自己的心情啊！

【我的心里话】

心理咨询师首先是个有血有肉的人，然后才是一个心理学工作者。因此，我想对小丽说，你给灾区的人带去了你的温暖，同时，你也在承担他们的伤悲与愤怒。也许身边的人不大了解你的感受，只是把你当成了一个从灾区回来的英雄，当成了一个无所不能的专家。面对这些，你可以礼貌地跟大家说“不”，你只想休息一下，不希望被朋友们打扰，相信他们可以理解。同时，你也一定有非常知心的朋友，可以让你在情绪低落时倾诉，也许他什么都不问，但是让他在你的身边，只是陪着你，会是一种别样的温暖。

【“心”留言】

___

___

___

___

第四节　同样奔跑在最前方的人
——媒体记者们

记者在采访过程中看到伤员肢体残缺、表情痛苦，自己可能也会感到压抑，想帮助伤员又觉得无能为力，想采访却不知道该如何表达，久而久之就可能产生抑郁、焦虑等情绪。还有一种观点认为，记者采访会对伤员的休息和心理产生不利影响，这也给记者带来了较大压力，有的甚至对自己的职业产生了怀疑。这些情绪如果不及时进行有效疏导，很容易带来心理疾病。

1. 媒体记者们如何进行自我心理调节

（1）切记不要自己“陷进去”。

不要把自己的角色卷进你采访的事件当中，把情绪留在现场。比如灾民哭，你心里难过，但你不是他，你不必和他一起哭。谨记自己是媒体工作者，不是心理专家，也不是志愿者。在采访工作完成之后，可举行告别仪式，如对遇难者庄严的默哀，这也能调节自己的情绪。

（2）明确自己的职责。

记者要了解自己心理的饱和度，不做超出自己职责范围的事情，采访只是采访，不要在采访时把自己的职责无限放大，在面对巨大的灾难时，记者也会迸发出助人者情结，希望能够最大限度地给别人提供帮助。但是有这种情结的人一定要做好“角色定位”，明确自己能提供哪方面的帮助，不要尝试着跨行业、超能力施助，否则只能产生负面效果。

（3）避免单独采访伤员。

最好不要单独行动，特别是女记者。要结伴而行，在见到惨烈场面的时候可以互相有个支持。

（4）及时宣泄自己的情绪。

在采访的过程中，记者难免会看到很多惨状，也难免会有各种各样的情绪——悲伤、害怕、恐惧、难过等，首先要明白自己产生的所有情绪都是正常的，其次要及时地宣泄，可主动与别人交谈，或者用写日记的方式来抒发。

（5）注意饮食和休息。

尽量多吃，就算没有胃口，为了保持体力也要强迫自己吃东西。另外，请尽量让自己的休息环境保持安静、舒服、自在。学会忙里偷闲，注意节省和积蓄精力，哪怕只有一分钟空闲也可以闭眼静坐一会儿。

（6）自我放松。

多关注和报道一些温暖的故事，积极地去看人、看事，而不是只关注消极面。此外，自己做深呼吸或者想象美好的事物或景象也能相对减缓现场所带来的震撼。

（7）学会原谅自己，总结过失，着眼未来。

这次救灾活动也引发了不少关于媒体职业道德的争议，一些记者因此背上了沉重的心理包袱。记者们完全不用太过自责，他们的出发点是好的，而且新闻媒体对地震灾情的报道推动了社会各界万众一心抗震救灾。“每一个人前面都有一个标杆，朝前跑，忘记后面的”，在这个过程当中无心把别人绊倒了，只要在今后的工作中好好总结改正就可以了。

（8）从“做过些什么”到“还能做什么”。

很多去过灾区的记者都有内疚心态，认为自己不像部队官兵、不像志愿者，没能救出或帮助受灾的人们。记者可以将“我究竟做了些什么”的疑问转变成“将来我能做什么”。因为灾区的建设会延续很长时间，每个有爱心的人都还有很多机会。

2. 救助人员应该如何给予心理帮助

（1）首先要获得记者的同意。

当记者不愿意或者认为自己不需要心理救助时，我们应该尊重他们的决定，而不是勉强对方倾诉，如果有可能的话，心理救助人员可以陪伴在他们身边，给予他们支持。如果他同意和你交谈，找个合适的时间、地点，让他能安全、自在地表达出自己的内心感觉。

（2）要有耐心。

记者的所见所闻也许比其他人要多而全面，因此他的想法或者感受也许混乱，救助人员要耐心地给他足够的时间去诉说，尽量不打断他的话，在倾听的同时表达有同感。

（3）尊重并接受他们的所有情绪。

记者往往会看到一些我们在新闻、报纸上所看不到的情况，因此，也可能会比其他人有更多的负面情绪。记者的悲痛、抱怨、气愤甚至责怪别人，都是很正常的反应，心理救助者不要用自己的看法去加以劝说或指责，请尊重并接受他们的情绪感受，并给予支持。

（4）特别关注记者的内疚、自责心理。

记者不是武警官兵，也不是医护人员，不是志愿者，当他们在现场看着其他人都参加了救援，而自己似乎除了报道什么都没做时，可能会因此背上沉重的心理包袱，产生内疚的心理，甚至厌恶自己的职业。此时，心理救助人员可以握着记者的手，并跟他强调“救人不是你的职责，你的任务是报道，你已经做好了你该做的”，然后可协助他计划一些实际行动，如捐款、献血、送东西给灾区人民等方式来减缓自责。

3. 亲人如何给予支持

（1）无条件接纳他们的情绪。

对于亲人在地震采访中所产生的各种情绪，无论是积极的还是消极的，亲人都应该多倾听，而不是想着要怎么去引导对方。有时候，你静静地倾听，更能让他感受到你的接纳和陪伴。

（2）少询问、多支持。

当家里有人仍然在四川进行现场采访时，亲人都会很担心和焦急，有时候好不容易终于有一个电话或短信传回来时，亲人应该多关心和支持，如说"你要加油，注意身体，要自己保重"等，这才是他们需要的。不必过多地询问他们在四川的工作如何，如不要问"你在那里都看到了些什么"。

（3）撤回后，少让他们再次接触关于地震的消息。

若记者刚从地震灾区现场回来，亲人应该尽量不要让他再次接触关于地震的新闻报道、信息等，以使他们尽快恢复正常的生活。亲人可以陪伴他多看一些轻松的电影、电视剧，以及做运动等，让他逐渐从地震灾难的阴影中走出来。

（4）促使他恢复正常的生活。

亲人要督促从前线回来的家人恢复他之前的日常生活，如饮食习惯、饮食量、作息时间等，这也是一个很重要的调节措施。

4. 团体内如何给予互相支持

（1）每天出发前彼此说一句鼓励的话。

在每天有队员要出发采访前，团队里面可以每个人都对他说一句祝福和鼓励的话，如"加油"、"辛苦了"等，这些话语虽然简单，但对持续处于应激状态的记者来说，他的斗志会在出发前被唤起。

（2）记者与同事之间在采访过程中要进行交流。

采访时，往往至少是两个人同行的。两个人看到的、听到的都是同样的事物，产生的情绪和感受更相似。同行两人间可以形成一个比较稳定的小团体，而且有较多的时间共处，因此两个人可以在采访的过程中互相多交流，说出自己的感受和想法，及时宣泄情绪。

（3）采访后及时进行交流。

记者采访回来后最好能够及时组织一些心理疏导。当对方在述说自己的情绪时，也许有正面的，也有负面的，我们都应给予理解，而不是责备或争辩。每位记者面对的场景不同，产生的情绪和想法也不同，作为团体，应该表达同感和互相支持。

（4）密切注意同事的情绪反应。

密切关注同事中是否有人情绪不稳、脾气大变，或者过于疲惫、有内疚等情绪出现。若发现同事有这种状况，团体内应互相协调工作，尽量让他多休息，并找人主动与他进行详谈，让他情绪稍微稳定后再工作。

【读读他/她的故事】

北京某报社摄影记者苏里说："灾难给心灵带来的冲击是巨大的，虽然我曾经拍摄过加沙战场、肯尼亚暴乱，但依然常常被悲伤击中而泪流满面，特别是面对孩子们的去世时。但丰富的摄影经历告诉我，越是这样越应该冷静。感觉悲伤的时候我会回到车上，喝点随身带的二锅头，把音乐放得很大，用这种方式尽量控制住自己的情绪。在灾区的两周里，我没有形成任何关于地震的梦，这说明悲伤只留在了很浅表的层次里。当然这种能力的获得，跟我一直有自己的心理医生有很大的关系，她是让我长期保持冷静的重要原因。"

凤凰卫视《冷暖人生》主持人陈晓楠在地震发生后，立刻奔赴灾区，辗转绵竹等地进行实地报道。"在采访中，我也曾从头哭到尾，但不是失声痛哭。"这位曾参与"9·11"等重大报道的女主播说："有人问过我会不会得抑郁症，我说不会。救人的人要懂得自救。而且我不只是报道灰暗，而是从灰暗中发现亮色。"

【我的心里话】

你们是冲锋在第一线的勇敢的战士，你们用镜头或笔记录着生命的坚毅，你们用心给我们传达着每一份感动，你们用生命将我们的心连在一起。但我知道镜头背后的你和我们一样，有感动和眼泪，也有痛苦和恐惧。请放下镜头让我倾听你的心绪！我们和你在一起！

【"心"留言】

【本章小结】

救灾前线的战士们，在与死神赛跑的同时，你们的身心也都在遭受这场灾难的影响。除了心理自助之外，还要积极地寻求各方面的帮助。上级部门应给战士们一些时间让战士们休整，如可以安排探亲假等；指挥官在逐渐理解自己的同时，也要加深对战士们的了解。身边的战友们，你们同样辛苦了，但请多给他们一些安慰和理解；亲人们，请让他们感受到在家是安全的，他们可以向你们倾诉；媒体的朋友们，请尽你们所能，给他们一些更人性化的关怀。

在救援战场上与死神斗争的医生护士们，除了保护别人的身体健康之外，还请关注自己的心理健康。在接受自己产生的所有情绪的同时，休息时也可用各种方法放松和调节自己。亲人和同事基本上只要静静地倾听、陪伴和包容他就足够了，心理援助者在此基础上可根据需要，通过专业技术帮助他们走出心理阴影。医院有条件时要更换前线的医护人员，让他们的身心都得到休息。作为记者，请尊重他们，采访时尽量避免直接提问。

广大的非心理援助志愿者，在你为他人付出的同时，请关照好自己的身心健康，拥有家人的关怀和支持，你会做得更好。心理援助志愿者是需要具备一定条件的，而心理援助需要端正态度，用心倾听和陪伴；同时，心理援助志愿者还需要学会自我调节。

同样奔跑在最前方的媒体记者们，要明确自己的职责是采访，注意不要陷进自己采访的事件当中，要把情绪留在现场。有情绪首先自己要及时地宣泄；其次，心理援助者、亲人和同事都要接纳他们的任何情绪，多给予支持，让他们能在你们身上找到更多的力量。

参考文献

1. ［美］芭芭拉·鲁宾·韦恩瑞伯，艾琳·布罗契 . 危机干预与创伤反应理论与实务［M］. 黄惠美，李巧双译. 北京：世界图书出版公司，2003

2. ［美］J. William Worden. 悲伤辅导与悲伤治疗［M］. 李开敏，林方皓，张玉仕，葛书伦译. 台北：心理出版社，1995

3. ［美］B. E. Gilliland，R.K. James. 危机干预策略［M］. 肖水源等译. 北京：中国轻工业出版社，2000

4. T. J. Wray，Ann Back Price. *Grief Dreams: How They Help Us Heal After the Death of a Loved One*［M］. Jossey-Bass A Wiley Imprint，2005

5. ［美］科尔斯基. 危机干预与创伤治疗方案［M］. 梁军等译. 北京：中国轻工业出版社，2004

6. 黄铎香. 心理医生手记［M］. 广州：暨南大学出版社，2000

7. ［日］大野裕. 心灵的自愈能力［M］. 陈刚译. 北京：科学出版社，2005

8. 吴增强. 儿童青少年心理矫治问答［M］. 上海：上海人民出版社，2000

9. 贾晓明. 来自心理医师的 101 个贴心叮咛［M］. 北京：北京理工大学出版社，2007

10. ［哥伦比亚］吉柏特·布来森·拉萨，玛莉亚·玛西迪·沙曼多·迪亚兹. 幽谷之光——情绪疗愈指南：当你无计可施时能做的五十件事［M］. 台北：开拓文教基金会，2002

11. 美国国家心理卫生研究院（NIMH）提供，台北市立疗养院临床心理科译. 重大灾难紧急救难工作者资源手册［EB/OL］.［2008－06－09］. http://sc512.sw.hku.hk/Disaster%20 intervention%20manuals%20 and%20 powerpoint%20 files/Rebuild Community/重大灾难紧急救难工作者资源手册（美国国家心理卫生研究院%20NIMH）. pdf

12. 国资发考核〔2008〕39 号. 关于全力做好中央企业灾后重建工作的通知［EB/OL］.［2008-02-18］. http://www. sasac. gov. cn/n1180/n1566/n257060/n

257188/ 3945319. html

13. 华南师范大学党委宣传统战部. 燃起那颗炽热的心——华南师范大学“关爱汶川地震大行动”［M］. 广州:《华南师大报》编辑部，2008

14. ［美］K. 温斯顿·凯恩，佩里·力芬克尔. 关注你的身体——个人健康必备［J］. 曹武军，魏如明等译. 北京：人民出版社，1999

15. 北京师范大学心理学院. 灾后心理援助与心理重建［M］. 北京：中国轻工业出版社，2008

16. 四川大学心理健康教育中心，四川大学华西公共卫生学院. 大震之后——心理援助与疾病预防［M］. 成都：四川大学出版社，2008

17. 张勇辉. 创伤后应激障碍［J］. 国外医学（精神病学分册），2001，28（3）

后　记

《地震灾后心理康复完全手册》（以下简称《手册》）是由暨南大学出版社策划的援助汶川地震灾区的读物，是出版社全体员工向灾区人民贡献的一份爱心。该《手册》的策划编辑张仲玲老师提出这个倡议后，立即得到了华南师范大学和四川师范大学有关心理学工作者的响应，并迅速成立了写作小组，分工合作，展开高效的撰写工作。

《手册》的编写人员都是震后参加心理援助的志愿者，也是具有硕士以上学历的心理学方面的专业人员。他们直接参与了四川地震灾区的心理援助活动，对灾区群众的心理状态有比较感性的了解，因此，他们有资格和能力完成《手册》的写作。

接到写作任务后，编写人员都是怀着一种巨大责任感参与工作的，都想通过自己的努力，能够对灾区人民提供一些力所能及的帮助。

为了使这种心理援助更好地发挥作用，我们编写的时候，力图使这种帮助具有可操作性，使每一个看到这本《手册》的人都可以根据《手册》提供的程序，实实在在地帮助那些需要帮助的人。

《手册》由我和四川师范大学张皓教授担当主编，策划写作提纲，并对稿件进行审议、修改和最终定稿。李俊娇作为主编助理，在稿件的组织以及文字的编排等方面做了卓有成效的工作。

《手册》的写作分工如下：

第一章：张由月、方利霞；第二章：张崇福、夏晓辉；第三章：戴铮铮、贾巧枝；第四章：李俊娇、李秋丽；第五章：杨振华、闫沛；第六章：祝菡、李宝山；第七章：侯瑞灵、王艳辉；第八章：聂欣、张雪莲；第九章：徐亮、李舒生；第十章：苏铭鑫、王德虎；第十一章：陆茵茵、席敏娜。

本书有些地方引用了一些书刊中的精彩内容。由于信息方面的原因，有少数未能与作者取得联系，这里一并致歉，敬请作者或著作权人予以谅解；并希望作者在看到我们的《手册》之后，能与我们联系，我们将酌付稿酬并寄送样书。

希望本《手册》能够为灾区的人们提供一些心理帮助，也希望使用本《手册》的人们就《手册》存在的问题提供宝贵意见。

郑希付

2008 年 6 月 25 日

图书在版编目（CIP）数据

地震灾后心理康复完全手册／郑希付，张皓主编．—广州：暨南大学出版社，2008.6
ISBN 978-7-81135-061-6

Ⅰ.地…　Ⅱ.①郑…②张…　Ⅲ.地震灾害—灾区—心理保健—手册
Ⅳ.B845.67-62　R161-62

中国版本图书馆 CIP 数据核字（2008）第 100330 号

出版发行：暨南大学出版社

地　址：中国广州暨南大学
电　话：总编室（8620）85221601
营销部（8620）85225284　85228291　85220693（邮购）
传　真：（8620）85221583（办公室）　85223774（营销部）
邮　编：510630
网　址：http://www.jnupress.com　http://press.jnu.edu.cn

排　版：广州市天河星辰文化发展部照排中心
印　刷：佛山市浩文彩色印刷有限公司

开　本：787mm×960mm　1/16
印　张：15.75
字　数：275 千
版　次：2008 年 6 月第 1 版
印　次：2008 年 6 月第 1 次
印　数：1—3000 册

定　价：33.00 元